87 位科学大师

91 个有趣的科学故事

148 千生动文字

300 多幅精美图片

构筑成一座色彩绚烂的中华科学博物馆

轻松故事引领读者步入神圣的科学殿堂，开始一段愉快的读书之旅

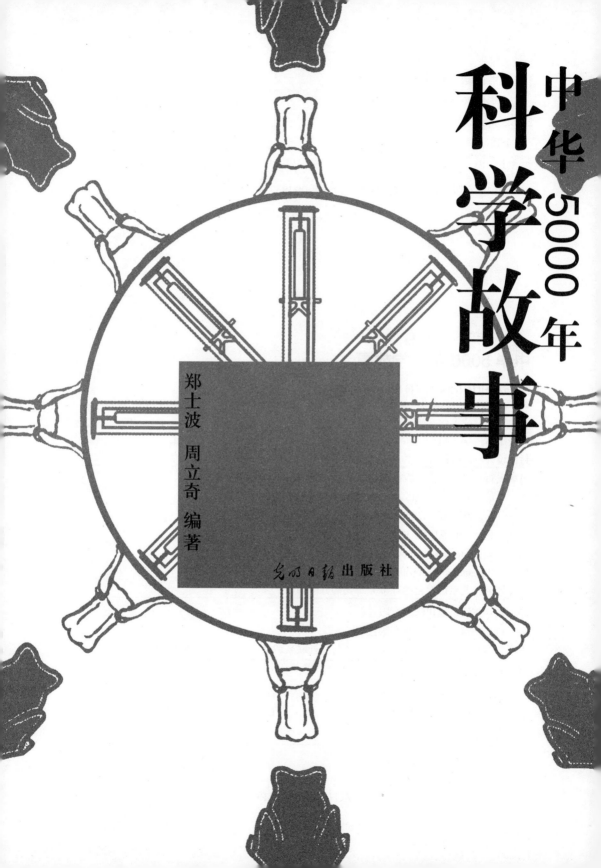

中华5000年

科学故事

郑士波　周立奇　编著

光明日报出版社

图书在版编目（CIP）数据

中华 5000 年科学故事 / 郑士波，周立奇编著 .—2 版 .—北京：光明日报出版社，2005.8（2025.1 重印）

ISBN 978-7-80145-987-9

Ⅰ . 中… Ⅱ .①郑…②周… Ⅲ . 自然科学史 – 中国—普及读物 Ⅳ .N092-49

中国国家版本馆 CIP 数据核字 (2005) 第 093837 号

中华 5000 年科学故事

ZHONGHUA 5000 NIAN KEXUE GUSHI

编　　著：郑士波　周立奇

责任编辑：李　娟　　　　　　　　　责任校对：徐为正
封面设计：玥婷设计　　　　　　　　封面印制：曹　净
出版发行：光明日报出版社
地　　址：北京市西城区永安路 106 号，100050
电　　话：010-63169890（咨询），010-63131930（邮购）
传　　真：010-63131930
网　　址：http://book.gmw.cn
E – mail：gmrbcbs@gmw.cn
法律顾问：北京市兰台律师事务所龚柳方律师

印　　刷：三河市嵩川印刷有限公司
装　　订：三河市嵩川印刷有限公司
本书如有破损、缺页、装订错误，请与本社联系调换，电话：010-63131930

开　　本：170mm×240mm
字　　数：148 千字　　　　　　　　印　　张：13.5
版　　次：2010 年 1 月第 2 版　　　印　　次：2025 年 1 月第 4 次印刷
书　　号：ISBN 978-7-80145-987-9
定　　价：36.00 元

前言

Five Thousand Years of Chinese Scientific Stories

为了让读者轻松地学习和了解中国科技，我们组织编写了这部图文版《中华5000年科学故事》，本书具有以下特色：

一、编者精心遴选了中国古代和近现代对世界科技产生深远影响的发明和创造，内容涉及数学、天文、历法、化学、建筑、造纸、航运、机械、物理等，以时间为线索，用轻快活泼的文字连缀成一部完整的中国科技史，深入浅出，通俗易懂，融知识性、趣味性和艺术性于一体。

二、版式设计和编写体例巧妙结合，开辟多个辅助栏目，对科技专业术语以及相关的现象等进行解释、总结和延伸，以加强知识的深度和广度，从而通过较小的篇幅清晰而完整地阐述中国科技发展演变的主要脉络和基本情况。

三、图文配合，精选了300余幅与文字内容相契合的精美插图，包括科技名著的书影、科学家的画像与旧照、历代科学家的手稿墨迹、科学大师的发明等，立体、直观地展示中国科学，拉近读者与经典和大师间的距离。

四、在版式设计上，注重传统文化底蕴与现代设计手法的结合，营造轻松的阅读氛围，使读者不仅能直观地领略每一项发明创造的深远影响，而且还能深入感受到科学发展的内在脉络以及科学发展的传承性。

本书无论体例编排还是整体设计，都注重人文色彩和科学理念的有机结合，全力营造一个具有丰富文化信息的多彩阅读空间，引领读者轻松步入神圣的科学殿堂，开始一段愉快的读书之旅。

目录

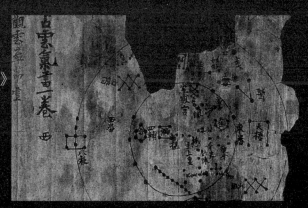

目录

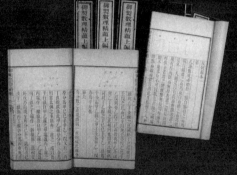

更多资源获取
扫码

神农尝百草
农业的起源
Nong Ye De Qi Yuan

神农尝百草图

相传神农在尝百草的过程中发现可以食用、药用的植物。

神农，是传说中远古时代的"三皇"之一。他勇尝百草，教民农耕，是我国医药业和农业的始祖。

远古时期，五谷和杂草长在一起，药材与百花开在一处。哪些植物可以做粮食，哪些药草可以治病，谁也分不清。随着人口的不断增长，人们越来越需要更多的食物。

当时，科学发展水平十分落后，人们对满山遍野的植物不是十分了解，经常因为饥饿而误食有毒的植物，又因没有药来治疗而死掉。

伟大的神农看到了黎民百姓的疾苦，他下定决心要亲口尝一尝各种野生植物的滋味，以确定哪些植物可以吃，哪些植物不能吃，哪些植物好吃，哪些植物不好吃。虽然他心里非常清楚，他很有可能会吃到有毒的植物而死掉，但是为了百姓从此不再忍饥挨饿，为了人民以后不再吃到有毒的植物，他挺身而出。

关于神农尝百草，民间流传下来许多美丽的传说。据说有一次，他把一棵草放在嘴里一尝，不一会就感觉到天旋地转，栽倒在地上。随从慌忙把他扶起来，他心里知道自己中了毒，可是嘴巴却不能说话，于是他就用最后的一点力气，指了指身边一棵红亮亮的灵芝草，又指了指自己的嘴。随从就摘了灵芝放在嘴里嚼了之后，喂到他嘴里。神农吃了灵芝草，毒就解了。从此，人们都说灵芝草能够起死回生。

神农每天不停地尝百草，不可避免要中毒，他一天之内最多曾遇到70多次毒，所以他的身边也备有一种解毒的药草，叫做茶（"查"的谐音）。他一吃到有毒的植物，就马上服茶，让茶叶顺着肠胃一路检查下来，然后就可以把毒排出体外。神农最后一次

尝到了一种叫断肠草的剧毒植物，中毒而亡。他死的时候120岁。

从这些动人的传说中，我们也可以体会到神农尝百草所经历的种种艰辛和危险。他攀山越岭，尝遍百草。功夫不负苦心人！他尝出了稻、麦、黍、稷、豆能够充饥，这就是后来的"五谷"；他尝出了各种能吃的蔬菜和水果，都一一做了记录；他也尝出了365种草药，写成了《神农本草》。

在尝百草的过程中，神农通过细心的观察发现，植物随季节变化枯荣交替以及不同的植物喜欢不同的土壤。于是他利用天气的变化指导人们种植农作物，这样就可以有计划地收集果实、种子作为食物，这就是我国农业的起源。

事实上，神农是我国原始种植业和畜牧业发生初期的一个人物。所有有关神农的传说，都是中国农业从发生到确立的整个历史时代的反映。

除了有关神农的神话传说和史料记载以外，我们已有越来越多的考古学证据表明：中国是世界上从事农业生产最早的国家之一，是世界农业的起源中心之一，也是世界农作物的起源中心之一。早在七八千年前的新石器时代早期，我们的先民就在长

原始耕作技术

刀耕火种是原始农业的耕作技术。我国长江流域在唐宋以前还保留着这种原始的耕作方式，称之为"畲田"。刀耕火种的方法特别简单，一般是人们在初春时选择森林边缘隙地或是树木稀疏的林地，将林木砍倒，然后在春雨来临之前，纵火焚烧，灰烬用作农田肥料，第二天乘土热下种，以后就等着收获。种植两三年后，土肥就已枯竭，需要另觅新地重新砍烧种植，农史学家称之为"游耕"。

中国新石器时代的农具

骨耜
骨耜用动物肩胛骨、髋骨制造。轻便省力，黄河和长江流域的先民广泛用作翻土农具。

石镰
北方裴李岗文化的石镰很精致，应是农业发达的表现。

石铲
用于挖掘、松土，是锄耕农业的代表工具，在黄河流域和长江流域广泛使用。

石犁
种植水稻的专用农具，可以深翻泥土、松土，前端尖锐，比石铲更省力，显示农具的进步。

江流域种植水稻，在黄河流域种植耐干旱的粟。到了新石器时代晚期，在中国已有苎麻、大麻、蚕豆、花生、芝麻、葫芦、菱角和豆类等农作物种植。中国新石器时代的农业遗址更是星罗棋布，不胜枚举，分布在从岭南到漠北、从东海之滨到青藏高原的辽阔大地上，尤其以黄河流域和长江流域最为密集。

中国农业产生之初是以种植业为中心的，主要方式是对野生植物进行栽培。人们在长期的采集生活中，对各种野生植物的利用价值和栽培方法做过广泛试验，逐渐选育出了适合人类需要的栽培植物。中国农业早期的耕作方法是刀耕，后来进入以"锄耕"或"耜耕"为主的

"熟荒耕作制"。为确立农业经济，需要相应的农业工具。原始农业的工具有石锛、石铲、石耜和骨耜等翻土工具，石锄、蚌锄和有两翼的石耘田器等中耕锄草工具，还有骨镰、石镰、蚌镰、穿孔半月形石刀等收割工具，以及石磨棒之类的谷物脱壳工具。

中国早期农业生产的出现，使人们找到了稳定可靠的衣食之源。人类几千年以农业为传统经济的时代序幕就此拉开。

中国新石器时代农业概况

文化类型	时间	地域	主要农作物	主要农具
前仰韶文化(裴李岗文化、磁山文化、大地湾文化等)	距今5000~8000年	河南、陇东、关中、陕南、甘肃等地	粟	石斧、石铲、石镰、石磨盘、石磨棒
仰韶文化	距今5000~7000年	以关中、豫西、晋南一带为中心，东至河南东部和河北，南达汉江中下游，北到河套地区，西及渭河上游和洮河流域	粟黍，也种大麻，晚期有水稻、蔬菜	石斧、石铲、石锄、木耒、骨铲、石刀、陶刀、杵臼(取代石磨盘)
龙山文化	距今4000~5000年	西起陕西，东到海滨，北达辽东半岛，南到江苏北部广大地区	粟黍	石铲、肩石铲、穿孔石铲、双齿木耒、半月形石刀、石镰、蚌镰
良渚文化	公元前3300~前2200年	长江下游	水稻	石犁铧、斜把破土器

黄帝与中医的起源
Zhong Yi De Qi Yuan

《黄帝内经》是我国现存最早的一部中医理论专著，相传是黄帝与岐伯、雷官等六臣讨论医学的论述，故后世也以"岐黄"称呼中医。

《黄帝内经》这部著作，并不是出自一人之手，也不单是一个时代、一个地方的医学成就，而是在相当长的历史时期内，中国各医家的经验总结汇编。加上"黄帝"的名字，不过是后人伪托而已。学者一般认为该书写成于战国时期，编成书后，两汉或更晚一些时期的学者又作了补充和修订。

黄帝
我国古代部落联盟首领。

传世的《黄帝内经》实由《素问》和《灵枢》两部独立著作组成，各有 9 卷 81 篇。以此两书当作《黄帝内经》，肇始于晋人皇甫谧。他撰《针灸甲乙经》时称："按《七略》、《艺文志》，《黄帝内经》十八卷，今有《针经》九卷、《素问》九卷，二九十八卷，即《内经》也。"（《针经》即《灵枢》）后人信而从之。宋之后，《素问》、《灵枢》始成为《黄帝内经》的两大组成部分。

《黄帝内经》将阴阳五行等哲学思想用于解释人体之生理、病理，形成了人与自然紧密关联的基本认识。在解释具体问题时，以脏腑、经脉为主要依据；在治疗方面，针灸多于方药。

首先，我们谈一谈《黄帝内经》的基本理论，即阴阳五行说。阴阳五行说是我国古代的哲学思想，认为宇宙间万事万物都存在着对立统一的两个方面，可以用"阴阳"二字概括。例如日为阳、月为阴，男为阳、女为阴，气为阳、血为阴，热的为阳、寒的为阴等等。阴阳代表着一切事物或现象中相互对立而又相互统一的矛盾着的两个方面，从这种意义上讲，阴阳学说是符合辩证法的。五行就是金、木、水、火、土，它渗透在医学领域之后，就和人体的五脏相配合，肝属木，心属火，脾属土，肺属金，肾属水。五行学说认为五行之间既有相互推动的作用，即"五行相生"；又有相互制约的作用，即"五行相克"。运用五行说说明人体内部脏器的联系时，处于正常的生理状况下，便是有规律性的；处于生病的状况下，规律性便会遭到破坏。阴阳五行说表现了我国古代医学中的朴素唯物主义哲学思想。

然后，我们再从以下三个重要方面谈谈《黄帝内经》的科学成就。

一、公然宣布与巫术决裂。在商周时期，我国医学中鬼神观念占据统治地位，人生病之后，求神问鬼，治病也用巫术驱除。直到春秋战国时期，这种错误认识才被医者抛弃。他们在实践中渐渐明白，人体病因与鬼神无关。名医扁鹊和《内经》的著作者们鲜明地反对鬼神说。《史记·扁鹊仓公列传》记载扁鹊行医"六不治"，其中之一就是"信巫不信医不治"。《内经》里《素问·五脏别论》也强调："拘于鬼神者，不可与言至德；恶于针石者，不可与言至巧。"这种朴素唯物的立场和观点，保证了后世医学的健康发展。

二、高明的医疗技术。《内经》虽然是一部理论著述，但也涉及医疗技

明拓《黄帝阴符经》

术方面的知识。如书中介绍了灌肠技术、水浴疗法和截肢术等，而且还记载了用筒针（中空的针）进行穿刺放腹水的医疗技术。筒针穿刺放腹水技术虽然不能从根本上治疗腹水，但是它作为一种医疗技术在后世继续得到发展和应用。

三、生理研究以及人体解剖的成就。《黄帝内经》中记述消化系统功能、血液环流周身功能、泌尿生殖系统功能，也不乏科学论断。例如血与脉的关系，不但对血管分为经脉（大血管）、络脉（大血管之分支血管）和孙脉（细小血管），并且指出血脉是运行人体饮食消化产生的营养精气等物质的，强调血液运行周而复始。

从《黄帝内经》的记述中，我们发现其著作者很可能直接参与了对人体的解剖研究，并且实地进行了对人体体表与内脏的解剖。如对消化道的解剖，《灵枢》中描述的大小、长度、容量、形态和相互关系，和现代人体解剖基本一致，符合解剖实际。

从以上的论述中我们不难发现，《黄帝内经》作为中医学基础理论与针灸疗法的奠基之作，当仁不让地成为我国中医发展的理论源头，历代医学家论述疾病与健康理论，莫不以《黄帝内经》作为立论的准绳。

中医在我国有着悠久的历史，远古时代，人们在与大自然做斗争的过程中创造了原始医学；在不断实践与总结中，积累了丰富的中医理论知识。

《黄帝内经》与养生保健

(1) 提倡"天人相应"，把人与自然界看成一个整体，天有所变，人有反应。"要顺四时而适寒暑"，并提出"春夏养阳，秋冬养阴"的四时顺养原则。

(2) 提倡科学合理生活习惯。"食饮有节，起居有常，不妄作劳"，"饮食自倍，肠胃乃伤"，并告诫人们节制色欲，忌"醉以入房，以欲竭其精，以耗散其真"。

(3) 对人体生、长、壮、老的生命规律有精妙的观察和科学概括，初步建立抗衰老的理论基础。

《黄帝内经》在我国中医史上，以其不可替代的四个最早（最早建立医学理论体系，最早研究和描述人体的解剖结构，对人体血液循环有最早认识，最早总结针灸、经络的理论和实践），为我国的中医发展做出了伟大而杰出的贡献。

嫘祖
养蚕抽丝
Yang Can Chou Si

嫘祖，又称雷祖、累祖，民间谓之蚕母娘娘。传说是她最早发明养蚕抽丝。

《史记·五帝本纪》记载："黄帝居轩辕之丘，而娶于西陵之女，是为嫘祖。"从史料文字看，嫘祖是传说中"五帝"之首的轩辕黄帝的正妃，她出生在西陵，也就是今天的湖北宜昌。嫘祖是与炎黄二帝并列的"人文始祖"，是中华民族伟大的母亲。

关于嫘祖发明养蚕抽丝有这样一个奇异的故事。传说有一天，嫘祖偶然间发现了蚕在桑树上吃桑叶，而且蚕结成了茧，这个蚕茧不知怎么就掉到了嫘祖手中的热水里，然后蚕茧在热水中开始慢慢变软，她就很好奇地把蚕丝抽了出来，织成了柔软的丝绸。这个无意间的发现让她欣喜若狂，很快她就掌握了一整套的方法。她开始无私地向人们传授养蚕抽丝的方法，从而解决了人们的穿衣问题，为促进人类社会的文明发展做出了杰出的贡献，故被后人供为"蚕神"或"先蚕"。

嫘祖的传说故事，从一个侧面说明了：中国是世界上最早养蚕抽丝和发明丝绸的国家。1926年在山西西阴村新石器时代的遗址中，发现了半个切割过的蚕茧，表明早在5000多年前，我们的祖先已经开始养蚕；1958年在浙江吴兴钱山漾新石器时代遗址中出土有绢片、丝带和丝线等丝织品，所用的丝均为家蚕丝。

世界上所有养蚕的国家，最初的蚕种和养蚕方法，都是直接或间接地从我国传过去的。早在3000年前，我国的蚕种和养蚕方法就传到了朝鲜；2000多年前传到越南和日本；1600

纺织考古

(1) 河南荥阳青台村出土的罗织物距今5630年，是黄河流域发现最早的丝织品；(2) 浙江湖州钱山漾出土的绢片距今4750年，为长江流域出土最早、最完整的丝织品；(3) 浙江余姚河姆渡出土的原始织机的使用，是我国新石器时代纺织技术上的重要成就之一；(4) 南方丝绸之路：长安——成都——保山——缅甸——印度——欧洲；(5) 海上丝绸之路：扬州、泉州、珠海——经马六甲（今新加坡）——欧洲。

江浙一带出土的玉蚕
此蚕身上缺少蚕体的蠕动弧线，应是柞蚕。养殖柞蚕在草原东部的农牧业交错地区很流行。

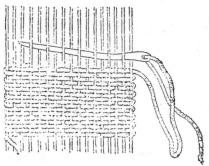

骨针编织法
这是最原始的手工编织布的方法，经线垂吊在一个横杠上，用骨针带动纬线在经线中左右穿梭，经纬线交替，编织出布帛。

年前传到中亚诸国；1400年前传到欧洲；400年前又传到了美洲。所有这些都充分证明了我国养蚕抽丝技术在世界历史上，曾长期处于遥遥领先的地位。这一切都毫无例外地要归功于我国历史上这位养蚕抽丝行业的始祖——嫘祖。

从科学史上客观地分析，我们知道嫘祖只是我国古代千千万万勤劳的劳动人民的一个代表，真正发明养蚕抽丝的是普通的劳动群众。我们的祖先在日常的劳动生产中，运用自己的聪明才智，不断发明创造。养蚕缫丝是我国古代人民在利用纤维方面最重要的成就之一。

为了使大家对我国古老的纺织业有大体的了解，这里首先介绍我国的养蚕业。在我国广阔的土地上，生长着许多的桑树，有一种吐丝作茧的昆虫，喜食桑叶，人们叫它"桑蚕"。在桑蚕还没被饲养驯化之前，我们的祖先就懂得利用野生的蚕茧来抽丝了。关于人工养蚕的确切时间已经无从考证了，但是可以肯定的是：至迟在殷周时期，我国养蚕业已颇具规模。

要发展养蚕业，首先必须种植桑树，扩大桑园。蚕以桑叶为食，桑叶的品质与蚕的健康和蚕丝的质量息息相关。我国古代劳动人民在栽植桑树方面有丰富的经验。他们很早就发明了修剪桑树的技术，通过修剪促生新枝条来提高叶质。通过压条法来繁殖桑树，比播种要节省时间。用桑树嫁接的技术来培育优良的品种。到了周代，我国已经大面积地种植桑树了。在《诗经》里有这样的记载："十亩之间兮，桑者闲闲兮"，可见

陶罐底部编织印迹（夏朝）
这是用竹或藤条编织竹蓆子留下的痕迹。这种用经线与纬线交替的编织技术，最终孕育出了纺织技术。

桑树已成片种植，而且一块桑田有 10 亩之大。

要发展养蚕的第二个关键是制备蚕种，早在 2000 多年前，人们就知道用清水洗卵面来保护蚕种，并通过选蚕、选茧、选蛾、选卵四道工序来提高第二代蚕的品质。

在长期的养蚕生产过程中，我国古代人民还积累了丰富的防治蚕病的经验，他们通过药物舐食、烟熏和隔离病蚕的方法来防治蚕病。他们还认识到蚕的生长发育和周围环境有着密切的关系：适当的高温和饱食不仅有利于蚕的生长和发育，而且可以缩短蚕龄。

我们再讲讲抽丝。大家都知道，蚕丝的主要成分是由纤维组成的丝素和包裹于丝素之外的黏性丝胶，其中的丝素就是丝织品的原料。丝素是不溶于水的，丝胶却能溶于热水，不过遇冷又会凝固。要从蚕茧中制取蚕丝，最简单的方法就是抽丝。人们最早发现蚕茧可以抽丝可能有这么几种可能：一是人们吃蚕蛹的时候，必须撕掉茧衣，并用唾液湿润茧层，这两个过程当中，都可能抽出茧丝来；二是利用野蚕的蛾口茧。缫丝是在抽丝的基

纺轮（商代）
陶制手工纺纱工具。早期纺轮大而重，晚期薄而轻，故早期加工的纱线粗糙，晚期细致。

础之上发展起来的。我们的祖先早在新石器时代就已经掌握了初步的缫丝技术。我们试想一下，野蚕的茧壳，在经过雨淋风吹日晒和微生物的作用之后，丝胶会溶解掉，人们就很自然把丝素牵引出来。人们也由此了解到水温与蚕茧舒解密切相关，用热水溶解丝胶得到丝素的缫丝技术就被人们掌握了。

最后，我们给大家介绍的是我国原始的纺织技术。它是根据旧石器时代就有的编结工艺发展起来的。人们养蚕抽丝之后，纺的纱线要织成织物，就需要编织；早期的人们直接用手编织或用骨针在经线间穿梭编结，然后用骨匕把纱线打紧。在新石器时代早期，我国就出现了最原始的织具——腰机。另外考古发现表明，新石器时代我国某些地区还使用了综版式织机。这种早期简单的纺织机械的出现，标志着我国纺织技术已经发展到一个相当高的水平。

多姿多彩的
中国古陶
Zhong Guo Gu Tao

花瓣纹彩陶觚

陶觚是大汶口文化的典型
器类，但所饰圆点纹和花
瓣纹则是仰韶文化庙底沟
类型的风格。

早期的人们经常和泥土打交道，逐渐发现黏土遇水之后具有黏性和可塑性，于是就把它塑造成各式各样的器物，干燥之后经火焙烧，产生了质的变化，就形成了陶器。

陶器是早期人类一项了不起的发明，它是人类第一次利用天然物并按照自己的意志创造出来的一种崭新的东西。陶器的发明，是人类文明发展的重要标志之一；陶器的出现，标志着新石器时代的开端。

陶器的产生是和农业经济的发展紧密地联系在一起的，一般是先有农业，然后才出现陶器。比较普遍的观点认为，陶器是农业社会的需要和人类技术积累到一定时期的必然结果。

进入新石器时代，由于农业和畜牧业的出现，人们开始过着定居、半定居的生活。特别是农业的产生和发展，为人类提供了比较可靠而稳定的供食用的谷物。谷物都

烧制陶器的工序

①洗料：淘洗需用的陶泥
②做坯：用泥条盘筑陶器粗坯
③拉坯：在陶轮上加工
④装窑：将晒干的泥坯放进陶窑中焙烧

是颗粒状的淀粉物质，不像野兽的肉体可以直接烧烤食用，与此同时，剩余的食物也需要用器皿储藏起来。正因为如此，随着农业的发展和定居生活的需要，人们对于烹调、

中国新石器时代古陶概况

文化类型	时间	考古地点	主要陶器	烧成温度	纹饰
裴李岗—磁山文化	距今7000~8000年	河南省新郑市裴李岗、河北省武安县磁山	红陶、夹砂红褐陶	900~960℃	器表多为素面或略加磨光，少数有划纹、篦点纹、指甲纹、乳钉纹等
仰韶文化	距今5000~7000年	河南省渑池县仰韶村	细泥红陶、夹砂红陶	900~1000℃	花卉图案、几何图案、少数动物图案
马家窑文化	距今约5000年	甘肃省临洮县马家窑	泥质红陶	760~1020℃(红陶)、800~1050℃(彩陶)	绳纹(夹砂陶)、彩绘(泥质陶)
龙山文化	距今约4000年	山东省章丘龙山镇城子崖	灰陶(早期)晚期以灰陶为主，红陶占一定比例。黑陶有所增加	840℃(早期)1000℃(晚期)	篮纹(早期)绳纹，篮纹(晚期)少量方格纹
大汶口文化	距今4000~6000年	山东省泰安市大汶口遗址 山东省宁阳县堡头村墓地	红陶(早期)夹砂红陶泥质红陶(晚期)	1000℃(红陶)900℃(白陶)	圆点纹、圆圈纹、窄条纹、三角纹、水波纹、菱形纹、漩涡纹、弧线纹、连弧纹、花瓣纹、八角星纹、平行折线纹、回旋勾连纹
大溪文化	距今4000~6000年	四川省巫山县大溪镇	红陶(少量灰陶、黑陶、白陶)	1000℃	戳印纹、弧线纹、宽带纹、绳索纹、平行线纹、横人字纹、瓦纹、浅篮纹、镂孔
屈家岭文化	距今4000~5000年	湖北省京山县屈家岭	泥质黑陶泥质灰陶	900℃	素面，少量印有弦纹、浅篮纹、刻划纹，附加堆纹、镂孔
河姆渡文化	距今5000~7000年	浙江省余姚市河姆渡村	夹碳黑陶	800—930℃(夹碳黑陶)800—850℃	繁密的绳纹、刻划纹、动物纹、彩绘
马家浜文化	距今5000~7000年	浙江省嘉兴县马家浜	夹砂红陶	760~950℃(红陶)810—1000℃(灰陶)	多为素面，少量有弦纹、绳纹、划纹、附加堆纹、镂孔
良渚文化	距今4000~5000年	浙江省余杭县良渚	泥质黑陶	940℃	素面，少量有弦纹绳纹、划纹、镂孔

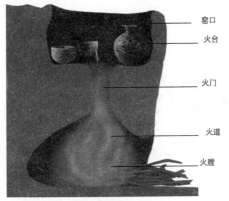

窑口
火台
火门
火道
火膛

陶窑复原图

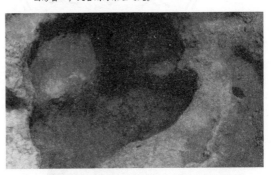

陶窑

裴李岗文化舞阳贾湖遗址发现的陶窑，椭圆形窑口，火台则为架坯之处。

盛放和储存食物以及汲水之类器皿的需求开始变得越来越迫切，陶器也就应运而生了。陶器的产生，不仅大大改善了人类的生活条件，而且在人类发展史上开辟了新纪元。

陶器的制作过程大体分为三步，即选土、成形和烧结。

制陶首先是选择陶土。一般具有较好黏性的土即可做陶。黏土广泛分布于各地，黄土地区河漫滩上冲积来的黄土黏度适中，直接可以制陶，在黄河流域的考古发掘中发现的许多陶器用的就是这种陶土。如果黏土的颗粒大小不均，通常要先进行淘洗，除去太大的颗粒。对于质地太细的黏土，为了防止在烧制过程中裂开，需加入羼和料（通常是砂粒、植物茎叶、稻壳等）。制陶成形，最早的方法是手捏，然后发展为泥条盘筑法，即把泥土先搓成条，然后自下而上一层层盘筑起来，再将里外抹平。有时也将坯泥做成一个个圆圈，再把圆圈叠起来，称之为圈筑法。用这两种方法制成的器形不可能规整，器壁上常留有指纹。后来人们又发明了陶轮来修整陶坯。把泥料放在陶轮之上，凭借着转动的力量，以捻拉的方式使它成形。从出土的陶器来分析，我国新石器时代的轮制又分为快轮和慢轮两种。轮制法的使用，标志着我国古代制陶技术的发展和成熟。

制陶的最关键一步也是最后一步：烧结。烧结的温度对陶器质量影响很大。我国新石器时代最常见的烧结方法是陶窑烧制。陶窑分为横穴和竖穴两种，其中横穴陶窑的火膛在窑室前面，火经火道直接到达放置陶坯的窑室；竖穴陶窑的火膛在窑室下面，有几条火道通往窑室，要烧制的陶坯放在窑算上。

随着制陶技术的不断发展，工艺随之不断改进，人们开始对陶器加以装饰美化。为了追求美观与实用，人们用赭、红、黑、白等色绘制陶器，诞生了纹饰美观、色泽鲜艳的彩陶。

在新石器时代的古陶大家族中，有红陶、彩陶、黑陶、灰陶、白陶和硬陶，每一种器物都古朴美观，充满着艺术的审美和生活的情趣。多姿多彩的中国古陶所带给你的，不仅仅是视觉上的震撼，更多的是对我国古代劳动人民智慧的无限惊叹！

《夏小正》
与历法的创立
Li Fa De Chuang Li

记十三月的甲骨卜辞

商朝卜辞常见"十三月"，西周金文中也有"十三月"。"十三月"是在十二月的基础上重复一个月，这是把闰月放在岁末的置闰方法，称为"年终置闰法"。以后改行"岁中置闰法"，"十三月"之名就消失了。

《夏小正》是我国现存最早的物候学专著，也是现存最早的历书。

隋代以前，《夏小正》只是西汉戴德汇编的《大戴礼记》中的一篇，而且还加了注（经传在一起）。《礼记·礼运》中记载说："孔子曰'我欲观夏道，是故之杞，而不足征也，吾得《夏时》焉'。"郑玄注云："得夏四时之书也，其书存者有小正。"后人根据内容判断，孔子所说《夏时》就是《夏小正》，也就是夏代的历法。以后在《隋书·经籍志》中首次被单独著录。

关于《夏小正》成书的确切年代，学界还有争议，但可以肯定不是夏人所写。《夏小正》包含着夏代已经积累起来的天象和物候等方面的科学知识。

《夏小正》由"经"和"传"两部分组成，全文有463字，逐月记载物候变化，其内容涉及天象、气象、植物和动物变化、农事等方面。天象的内容为每个月的昏旦星象变化。气象包括各个时节的风、降雨、气温等；植物的内容涉及常见的草本和木本植物；动物的内容涉及昆虫、鱼类、鸟类和哺乳类动物；农事活动包括各个季节从事的各种农业生产活动，特别是农业生产方面，如谷物、纤维植物、园艺作物的种植等。畜牧、蚕桑、采集、渔猎均首次见于记载。

《夏小正》文句简奥不下甲骨文，大多数都是二字、三字或四字为一完整句子。其指时标志以动植物变化为主，星象则是肉眼容易看到的亮星，四季和节气的概念还没有出现。而且，《夏小正》所记载的生产事项无一字提到"百工之事"，这反映当时社会分工还不发达。所有这些都体现了《夏小正》历法的原始和时代的古老。

《夏小正》中的历法就是我们现在仍在使用的农历（阴历）。阴历就是在夏历的基础上发展而来的。孔子告诉颜回，国家政治要干得好，就必须"行夏之时"，这里的"夏之时"就是阴历；中国人几千年来一直过的阴历年也是"夏之时"；过正月拜年也是夏朝的遗风。

众所周知，人类根据太阳、月亮及地球运转的周期，制定年、月、日等顺应大自然时序及四季寒暑的法则，称之为历法。所谓阴历，就是以月亮的运动规律为依据而制的历法。阴历一个月29日或30日。每19年须置7闰月。每月以合朔之日为首，每年以接近立春之朔日为首。

下面谈谈有关《夏小正》阴历与天文历法创立的关系。我们知道，历法是我国古代天文学的主要部分，它的历史非常久远。《周髀算经》记载："伏羲作历度。"历度即是历法。史载，伏羲创上元太初历，即八卦八月太阳历。紧接着神农继承伏羲上元太初历，创连山大火历。然后黄帝使羲和、常羲占日月，作归藏太阴历。颛顼承伏羲

作十月颛顼历。最后夏禹承颛顼作《夏小正》十月太阳历。我们知道夏禹之前的人物都是远古传说中的氏族首领，他们只是劳动人民的代表。我国远古时期的人类，有了农业就开始关注天文时令，他们开始逐渐积累星象和季节变化的经验。到了夏朝，中国进入奴隶社会。社会经济快速发展，国家重视兴修水利，发展农业。农业与物候时令关系愈加密切，加上人们早期积累的相关知识的不断丰富和综合，《夏小正》就很自然地诞生了。作为我国现存最早的历法书，《夏小正》不仅在夏时使用，而且留存于典籍之中。因此，《夏小正》算得上是有稽可查的最早的历法。它开创了我国农事历（或物候历）的体例，对后来的月令和农家历起了启示性作用，对后世影响非常之大。

刘尧汉和陈久金
关于《夏小正》是否为"十月历"问题的探讨

有学者将《夏小正》和彝族的太阳历对比研究，认为原本《夏小正》是一年分为10个月的太阳历，今本的《夏小正》一年分12个月是后人添加的。以下几点可以论证这一说法。

(1)《夏小正》有星象记载的月份只有1~10月，11、12月没有星象记载；(2)从参星出现的情况看，从"正月初昏参中"日在危到三月"参则伏"日在胃，再到五月"参则见"日在井，每月日行35度。若以一年12月计，每月日行26度，不合理；(3)从北斗斗柄指向看，《夏小正》记载北斗从下指到上指5个月，从上指回到下指也应是5个月，刚好10个月；(4)《夏小正》记载从夏至到冬至只有5个月，那从冬至到夏至也是5个月，刚好10个月。

青铜器中的科学

Qing Tong Qi Zhong De Ke Xue

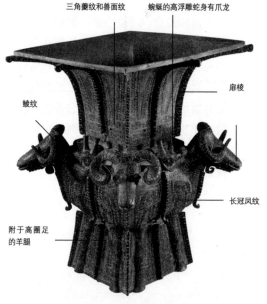

三角菱纹和兽面纹　　蜷蜒的高浮雕蛇身有爪龙

扉棱

鳞纹

长冠凤纹

附于高圈足的羊腿

四羊方尊

四羊方尊花纹分为三层，有地纹、主纹，还有一层高浮雕的装饰，其制模、浇铸工艺都十分复杂，而且造型生动逼真，是商朝铸造工艺的杰出代表。

大家想必对青铜器并不感到陌生，因为它离我们并不遥远，在历史博物馆里便可见它们的身影，像河南安阳出土的司母戊大方鼎就闻名于世。就在我们的语言中，也不乏相关术语，像是问鼎、晋爵、炉火纯青等，这些都与青铜器息息相关。

我们知道，青铜是人类历史上一项伟大的发明，它是铜与锡、铅等化学元素的合金，因其颜色呈青灰色而得名。青铜器是我国金属冶铸史上最早出现的合金。

青铜器文化在中国历史久远，我们一般将其分为三个阶段，即形成期、鼎盛期和转变期。形成期是距今 4000 ~ 4500 年的龙山时代，相当于尧舜禹所处的时代；鼎盛期包括夏、商、西周、春秋及战国早期，延续约 1600 余年，即中国的青铜器文化时代；转变期是指战国末期到秦汉时期，这时青铜器正逐步被铁器所取代，数量骤减，形式上也由在礼仪祭祀和战争活动等重要场合使用的礼乐兵器变为日常用品，随之而来的是器制种类、构造特征和装饰艺术的转变。

在青铜器文化的鼎盛期，特别是夏、商、周时代，青铜器被赋予丰富的文化内涵，可以用来制造各种变化多端、优美典雅的器物。"国之大事，在祀及戎"，代表当时冶铸技术最高水平的青铜器，也被广泛用在战争和祭祀礼仪上，其功能为武器和礼仪用器以及围绕二者的附属用具。此时的青铜器遍及各个领域，包括青铜兵器、青铜礼器、青铜乐器以及青铜工具、青铜饮食器具等。

青铜器纹饰是青铜文化的一朵奇葩。商代的青铜器上以饕餮纹、云雷纹和夔龙纹为主，到了商后期和西周时期，各种各样的动物纹饰也出现了。青铜器文化的另一个价值体现在铭文上。为了颂扬先人和自己的功业，或是为了纪念某一重要事件，就在青铜器以铸造纹文，以求流传不朽。这些铭文对于历史学者而言，起着证史、补史的作用。

千姿百态精美绝伦的古青铜器，全面反映了我国青铜冶炼铸造技术的杰出成就。在商周时代，我国的青铜冶炼铸造技术更是达到了前所未有的高度，令当时其他世界各国望尘莫及。

青铜器的制作工艺大体分为冶炼和铸造两大部分。

我们先说说青铜器的冶炼。冶炼是制造青铜器的一道重要程序。我们知道，合金里面要加的主要是锡和铅。加锡的作用是降低合金的熔点，提高青铜的强度和硬度，减少金属线收缩量；加铅则是为了减少枝晶间显微缩孔的体积和改善金属的切削加工性能。首先要选取原料，孔雀石是用来冶铜的矿物原料，锡矿石和方铅矿分别用来冶炼纯锡和纯铅。紧接着就是熔炼。先分别炼出铜、锡、铅，然后再将三者按照一定的比例混合，进行第二次熔炼。

然后就是青铜器的铸造。铸造是最后成型的关键一步。夏商周时代，铸造器型复杂的铜器都是采用多范铸造的方法。最早的范是石范，大约商中期以后，陶范迅速取代了石范。陶范的基本铸造法就是先用泥制出模型，再在泥模上筑一层泥，作为外范。在外范之上刻出花纹来，然后将泥模刮去一层，刮出的厚度就是铜器的壁厚，

青铜礼器合金比例 铜锡比例6∶1	青铜工具合金比例 铜锡比例5∶1	青铜兵器合金比例 铜锡比例4∶1	兵器刃部合金比例 铜锡比例3∶1	青铜箭镞合金比例 铜锡比例5∶2	青铜镜燧合金比例 铜锡比例2∶1

青铜中锡的成分占17%~20%最为坚韧，这正是工具所需的。
青铜中锡的成分占20%~30%，硬度最高，适用于武器。
青铜中锡的成分占30%~40%，青铜就会变成灰白色，这适合需要白色光泽的铜镜和铜燧。

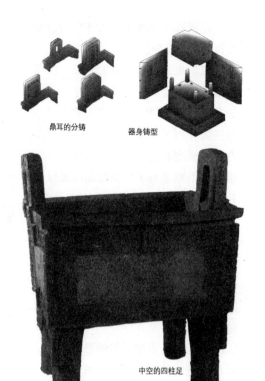

鼎耳的分铸　　器身铸型

中空的四柱足

将刮过的泥模作为内范，最后在内、外范之间空隙中浇铸铜液，冷却后拆除范，铜器就铸成了。对于复杂的器型，主要采用分铸法。分铸法分为三种：一、分别铸出主、附件，然后用钎焊连接；二、先铸主件，在主、附件连接部分留出榫卯结构，然后将附件范与主体结合，浇铸附件；三、先铸附件，再将附件与主件范连接，再浇铸主件。这是一种非常巧妙的方法。

后母戊鼎（商代）

后母戊鼎重 875 千克，形体庞大，若使用"将军盔"熔铜，至少需要 70 个同时熔化，而每个盔旁若有 3～4 个人工作，则共需约 250 人。若再加上制模、翻范、磨光、运输及管理等，生产这个鼎总共需要至少 300 人以上。

中国夏商青铜器概况

文物	制作年代	出土地点	出土时间	特征	用处	现藏地点
铜爵	夏	河南省偃师县二里头	1980年	通高22.5厘米	贵族宴饮酒具	中国社会科学院考古研究所
司母戊鼎	商	河南省安阳市殷墟	1939年	通高133厘米重875千克	祭祀用礼器	中国历史博物馆
四羊方尊	商	湖南省宁乡县	1938年	通高58.3厘米	酒器	中国历史博物馆
凸目面具	商	四川省广汉市三星堆	1986年	通高60厘米、宽134厘米	供奉祭祀	四川省文物管理委员会

杜康造酒
与酿酒技术
Niang Jiu Ji Shu

黑陶象鼻盉

黑陶象鼻盉1984年出土于河南省偃师县的一座墓葬，泥质灰陶，顶部似象头，眼、鼻、口皆形象齐备，长长的鼻子用作器流。宽带状鋬，连接顶与器腹。长颈、广肩，下腹急收，假圈足较高，小平底。通体磨光，颈、肩、腹和足饰有多周凹、凸弦纹和指甲线纹。

酒在我们生活中随处可见，它已经深深根植于中华民族的血脉之中。逢年过节、婚丧嫁娶等重要的场合都少不了它的身影。

我国酿酒起源很早。《说文解字》中说："古者仪狄作酒醪……杜康作秫酒。"最普遍的说法就是杜康作酒。

杜康，传说是黄帝手下的一位大臣，主要负责保管粮食。那个时候还没有仓库，所以杜康就把丰收的粮食堆在山洞里。尽管杜康很负责任，但是由于没有科学的保管方法，山洞过于潮湿，粮食全霉坏了。黄帝知道这件事情后，十分震怒，降了杜康的职，还警告他说，如果再让粮食霉坏，他就会被处死。

杜康经历了这件事情非常伤心，但是他还是想把这件事情做好。有一天，他看见森林里有几棵枯死的大树，就想，如果把树掏空，用来储存粮食该多好。他这样一想，马上就付诸实施了。可是没想到，两年以后，装在树洞里的粮食经过风吹雨淋，慢慢发酵了。时间一长，就从里面渗出一种闻起来特别清香的水，喝上一口，味道辛辣而醇美。但喝多了就会头晕目眩，昏昏沉沉。

杜康没有保管好粮食，却意外发现了粮食发酵而来的水，他不知是福是祸，可还是如实报告了黄帝。黄帝召集群臣商议，大臣认为这是粮食的精华，无毒。就命仓颉取名曰"酒"。

①将酿酒原料蒸煮，加上酒曲（人工培植的酵母）。

②将煮好的酒料放在大口罐中，待其发酵。

③酿成酒，用漏斗装进储酒器内。

中国古代酿酒工序图

商代酒器
瓴、罂、盂、爵、杯、卣、壶、尊、区、彝

扫码获取更多资源

后人为了纪念杜康，就尊他为酿酒始祖。

杜康造酒的故事，从一个侧面表明了酿酒技术在我国起源极早。

在农业产生以前，人们在采集野果时，发现成熟落地的果实，在微生物作用下，经过一段时间，会产生酒的醇香，口感很好。人们自此开始接触到天然的果酒。

在农业产生后不久，人们才开始酿酒，我国人工酿造最早的酒是谷物酒。我们从前面章节知道，新石器时代就有了农业，储藏在陶器中的谷物，因受潮发芽，再经过发酵，就会变成天然的谷物酒。在这个过程里，人们通过观察实践，模仿自然酒的产生过程，有意识地制造谷物酒。酿酒技术的时代到来了。

从化学的观点来看，从谷物生产出酒来，实际上需要两个过程：第一个过程就是淀粉转化为糖类的糖化过程，第二个过程就是糖类变成酒的酒化过程。我们也知道，第一个过程需要催化剂作用才能发生，后一个过程有微生物参与很容易发酵成酒。所以制造酒的关键就在第一个过程。这个过程所需的催化剂也就是酶，有两种方法可以获得酶：其一，利用人口中的唾液淀粉酶，咀嚼过的谷物在天然状态下非常容易发酵，日本就有少女嚼谷粒造酒的方法；其二，利用植物体中的糖化酶，谷物受潮发芽后含有这种酶，古巴比伦人就用此法酿造啤酒。

我国在商代就已经掌握了用麦芽做反应酶酿酒的方法。《尚书·说命》中记载说："若作酒醴，尔维曲蘖。"蘖就是谷物的芽。商代人们还使用了"曲"。曲也是利用微生物发酵，将稻米、大小麦

"五齐"之法

《周礼·天官·冢宰》记载："酒正，掌酒之令……辨五齐之名。一曰泛齐，二曰醴齐，三曰盎齐，四曰醍齐，五曰沉齐。"五齐可能指酿酒的五个阶段。表明西周时代，酿酒技术有了很大提高。

和豆类分解而成的有益霉菌。酿酒过程使用酒曲，糖化和酒化可以同时进行，不仅大大节省了工序，而且能酿造出更醇美的酒来。商代酿酒所用的"曲蘖"，实质就是由谷物芽和生霉谷物所组成的"散曲"。曲与蘖在酿酒中的区别是：曲是酿酒中的发酵剂，酿出的酒酒精成分多而糖的成分少；而蘖本身就是原料，酿出的酒里酒精成分少而糖分多。我国最初酿酒以蘖为原料，到了商代既用曲也用蘖，到西周时就基本只用曲了。

酿酒画像石

工人推着装满酒瓮的车，准备运酒出售

工人用酒瓮承接从酒槽滤出的酒

工人在准备酿酒原料

酿酒槽

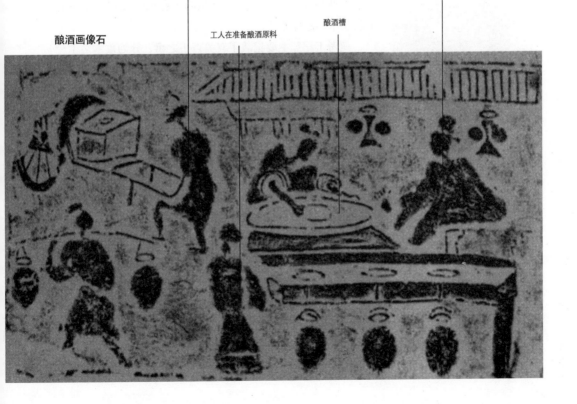

中国科学第一书
《考工记》

《考工记》书影

《考工记》是先秦的一部重要科学技术著作，是一部手工业技术规范的总汇。

西汉刘歆在校理典籍的时候，发现《周礼》中"冬官司空"篇已亡佚，便把《考工记》补入，所以《考工记》得以存载儒家经典《周礼》之内。

一般认为，《考工记》是春秋末年齐国人记录官府手工业工业技术的官书，主要反映的是春秋时期官府手工业工艺技术的总体水平。

《考工记》主要记载了有关百工之事，分为攻木之工、攻金之工、攻皮之工、设色之工、刮摩之工、搏埴之工六种，共有30项专门的生产部门。轮、舆、弓、庐、匠、车、梓，被称之为"攻木之工七"；筑、冶、凫、栗、段、桃，被称之为"攻金之工六"；函、鲍、䩞、韦、裘，被称之为"攻皮之工五"；画、缋、钟、筐、㡛，被称之为"设色之工五"；玉、榔、雕、矢、磬，被称之为"刮摩之工五"；陶、瓬，被称之为"搏埴之工二"。《考工记》内容涉及了车辆、兵器、冶金、乐器、酒器、玉器、量器、陶器、染色、皮革、建筑、水利、农具等门类，是研究中国古代科学技术的重要文献。

下面我们从以下几个方面来介绍《考工记》的内容。

一、在车辆的制造方面，《考工记》记述了一套比较完整的官府制车技术和规范。它针对车辆的关键部件车轮提出了10项准则，是商周以来长期制车和用车经验的总结。其技术要求之高，检验方法之合理，考虑之周全，实在是令后人叹服。如第一项，"欲其微至也，无所取之，取诸圜也"，"不微至，无以为戚速也。"，即校准轮子为正圆，若不是，则轮与地的接触面不可能最小，也就转不快。简短的语言包含着科学的合理性，即轮子与地面相切时，可使滚动摩擦阻力降到最低限度。除此以外，《考工记》还专门论及车舆材料的选择及连接方法，车架、车辕的制作，不同用途的车辆的不同技术要求等方面。

二、在弓箭的制作方面，《考工记》对"弓人"、"矢人"和"冶氏"进行专门分工，对其制造程序有详细规范的技术规定。在弓方面，《考工记·弓人》分别对弓的各个部件弓干、弓角、弓筋和起连接或保护作用的胶、丝、漆等材料进行了深入的考察研究，尤其注重材料的选择。在箭矢方面，《考工记·矢人》分述了5种不同用途的箭矢的差别和杀伤力，还探索了箭矢在飞行中的重心平衡和定向等问题。

三、在钟、鼓、磬等乐器的制作及发音机理的探索方面，《考工记》也作了详细的记述。《考工记》不但记载有钟、鼓、磬等乐器的制作技术规范（内容包括尺寸、形制和结构等），而且对发音机理进行了可贵的探索，得出了理论性结论：钟声源自钟体的振动，其频率的高低、音品与合金成分相关，也与钟体的厚薄、大小、形状相关。

四、在练丝、染色和皮革加工技术方面，《考工记》分别作了记述，内容涉及处理工序及应注意的事项，反映出了当时的技术水平。

五、在城市和宫室的规划设计与建筑方面，《考工记》作了初步的总结。内容涉及都城建设的制度、城市建设的规范以及南北定向等诸方面。

六、《考工记》还涉及分数、角度和标准量器以及容积的计算等等数学方面的知识。

综上所述，不难看出，《考工记》作为中国科学第一书，全面反映了春秋以前以及春秋时期我国手工业生产的发展和技术成果，它内容广泛，科学规范，是研究我国古代科技的珍贵文献。

《考工记》对圭长的记述

春秋战国时期的

天文学

Chun Qiu Zhan Guo Shi Qi De Tian Wen Xue

春秋战国时期，各个诸侯国为了自身生存、发展以至争霸的需要，都十分重视天文学的观测和研究，尤其是其中的星占术和关于节令的安排。由于政治的需要，一批世代以天文历算为业的星占家，在各自的诸侯国里大显身手。《晋书·天文志》记载说："鲁有梓慎（活动年代约在前570至前540年）、晋有卜偃（活动年代在前676至前650年）、郑有裨灶（约与孔丘同时）、宋有子韦曾（前480年左右）、齐有甘德、楚有唐昧、赵有尹皋、魏有石申（后4人活动年代均在公元前3、4世纪），皆掌著天文，各论图验。"

在这些天文星占家之中，最著名的当推甘德和石申。甘德著有《天文星占》，石申著有《天文》均为8卷，这是我国最早的天文学专著。这里需要提一下的是，《甘石星经》非甘德和石申所著，是后人托名而已。

早期的人们一直努力，想把天空恒星背景划分为若干特定的部分，建立一个统一的坐标系统，以此作为确定、描述日月五星和诸多天象发生位置的依据。春秋时，人们的努力已经有了成果，沿黄、赤道地带将邻近天区划分成28个区域的二十八宿体系，分别为：角、亢、氐、房、心、尾、箕、斗、牛、女、虚、危、室、壁、奎、娄、胃、昴、毕、觜、参、井、鬼、柳、星、张、翼、轸。每一宿中取一颗星来作为这个宿的量度标志，人们称之为该星的距星。这样一来就建立起了一个便于描述某一天象发生位置的较准确的参考系统。

前面提到的甘德和石申在这项工作上做出了卓有成效的努力。他们都对全天恒星做了各不相同的命名与星官分划工作。分别取一颗或多颗恒星构成一座星官，并描述星官之间的相对位置，构建而成各自的星官系统。他们的工作不仅为一系

关于哈雷彗星的最早记载

《春秋·文公十四年》中记载，鲁文公十四年（前613年）"秋七月，有星孛入于北斗"。此后，自秦王嬴政七年（前240年）起，到清宣统二年（1910年），哈雷彗星总共回归29次，每次回归在我国古籍中都有详细记录。

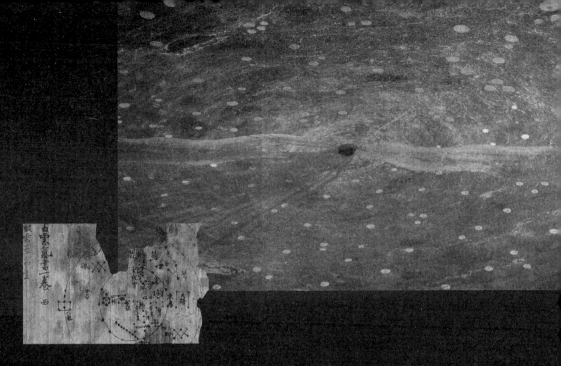

列天象发生的位置提供了更广泛的参照系，而且为后世统一的星官系统的建立奠定了基础。值得一提的是石申，他对二十八宿距度和其他一些恒星入宿度的测量，是我国早期恒星观测的重大成果；他还给出了 12 颗恒星的赤道坐标值和黄道内外度；这也就是世界上最早的星表之一——"石氏星表"。

除了恒星研究之外，甘德和石申在行星的观测和研究上也颇有建树。他们两人率先发现了火星、金星的逆行现象。《开元占经》中载，甘德曰："去而复返为勾……再勾为已。"石申曰："东西为勾……南北为已。""勾"和"已"是用来描述行星从顺行到逆行再到顺行这段运行弧线的状况。并且，他们都发现火星和金星在顺、逆行转换之间经历了停止不动的现象。石申曰："不东不西为留"。石申和甘德通过观测，对于行星晨见东方、夕伏西方所经的时间、每天运行的度数等都有定量的描述。例如，甘德明确给出了木、金、水星的会合周期，石申给出了火星的恒星周期为 1.9 年（实应为 1.88 年）。

春秋战国时期星占家们的工作不仅为我们留下了十分珍贵的天文学遗产，而且也为后世天文学的发展奠定了基础。

最早关于流星雨的记载

《春秋·庄公七年》中记载，鲁庄公七年（前 687）"夏四月辛卯夜，恒星不见，夜中星陨如雨"，是世界上最早关于天琴座流星雨的记录。英仙座流星雨记录于 36 年，狮子座流星雨记录于 307 年。

建筑大师公输班

Gong Shu Ban

公输班，名般，字若，春秋末期鲁国（今山东曲阜）人。因其为鲁人，且古时般与班同音通假，所以后人常称他为鲁班。

鲁班出生在一个工匠世家。传说他父亲以木匠为业，在鲁班很小的时候就带着他参加许多工程的营建。鲁班 12 岁的时候，父亲让他求师学艺。由于机缘巧合，他碰上了一位隐居终南山的木工师傅，得到了他的倾囊相授。

因为鲁班从小就参加工匠劳动，耳濡目染，积累了丰富的经验；再加上他自己后天的刻苦努力，勤于思考，不断创新，他一生的发明非常多，不胜枚举。

根据《物原》、《事物绀珠》、《世本》、《古史考》以及《墨子》等古籍的记载，鲁班的发明主要有曲尺、墨斗、凿子、钻子、铲子、石磨、锁、机动木马车、木马、云梯、钩强等等，这些器具发明又大体可以分为三类，即手工工具、简单机器和兵器。

雕刻艺术家鲁班

《述异记》上记载，鲁班刻造过立体的九州地图。《列子·新论·知人篇》载有鲁班雕刻凤凰。这些都说明，鲁班很重视建筑与雕刻绘画艺术的结合。

木工常用工具曲尺（也称矩），就是鲁班发明的，至今还有人一习惯称作"班尺"或"鲁班尺"。至于凿子、铲子、锯、钻等，传说也是鲁班的发明，至少是经过他的改造。

关于锯的发明，民间流传着一个生动的故事：为了营建一座大型宫殿，需要大量木材，可是工具太原始，伐木进度缓慢，鲁班亲自去察看，上山时不小心被野草划破了手，他观察发现了草蔓上的细齿，深受启发，于是就发明了伐木的锯。

从历史记载到民间传说，都一致承认鲁班发明了刨子。我们知道刨子是由刨床和刨刀等几个构件组成，结构比较复杂。人们早先用刀和斧头把木头削平，劳动强度大，效率低下，加工质量也比较差。为了省力，于是就在刀刃下捆上一定坡度的木件，刀就成了刨刀。这项发明是建筑工具发展到一定阶段的标志之一。

鲁班的发明不但种类多，而且涉及面也很广泛，这和他勤于观察研究是分不开的。他把所有精力都放在发明创造之上。在他的带动之下，他周围的亲人朋友，也都成了发明家。

传说鲁班发明墨斗之后，使用时总要让母亲拉住墨线头，后来母亲建议线端用一个小钩钩住，这样就不需要两个人了。这个小钩就叫做"班母"。鲁班的妻子云氏也是一个巧匠。鲁班发明刨子后，加工木料需要一个人顶着，他妻子就建议加个橛子，这个橛子习惯被称作"班妻"。据《玉屑》记载，云氏还是雨伞的发明者呢！

在兵器方面，鲁班也有不少发明。他曾为楚国造攻城的"云梯"和水战使用的钩强（又叫钩拒）。这里还有一个很有趣的故事，根据《墨子·公输篇》记载，鲁班为楚国造了攻城机械，吓得墨子千里迢迢赶去与他斗法，终于制止了一场战争。后来鲁班就不再造兵器了，而是潜心于造福人类的发明。

无论是在典籍记载还是在民间传说中，鲁班都是一个勤奋多产的发明家。他不停地发明新的工具，改进旧的工具。因为他的努力和他的发明创造，大大改善了人民的居住条件，减轻了工匠们的劳动强度，也提高了劳动效率，为我国早期的土木建筑发展做出了杰出的贡献。他对人类贡献非常之大，连欧美一些建筑家们也认为：在世界古代建筑史上，鲁班是一位罕见的大师。

鲁班发明的攻城工具模型

雄伟的城楼、华美的宫殿……古往今来，许多能工巧匠的血汗结晶令多少人为之惊叹叫绝，心向往之。从人类诞生的时刻起，即第一件工具从人类手中制造出来的时候，手工业就开始了创建的历程。古代的手工业虽然在整个社会所占的比重并不大，但产生的效益极大。特别重要的是，手工业是一门需要生产者特别心灵手巧的产业，它要求的科学技术含量特别高。

鲁班发明的攻城工具——云梯模型

扁鹊的
四诊合参法
Si Zhen He Can Fa

扁鹊像

扁鹊，姓秦，名越人，渤海郑郡（今河北任丘）人，是春秋战国时期著名的医学家。

扁鹊年轻的时候，是一家馆舍的主管人，他认识了一个叫长桑君的人。通过长时间的交往和了解，长桑君觉得扁鹊人不错，就把自己多年来的医疗经验和珍藏多年的药方都传授给他。扁鹊经过钻研学习，成了一名杰出的医生。

扁鹊此后就在今陕西、山西、河北一带行医，为人民解除疾病痛苦。

扁鹊经过虢国的时候，听说虢国公子因血液运行不畅而忽然倒地身亡。他认真询问了公子的病情和症状，认为公子并没有真正死亡，他可以把公子救活过来。于是他求见虢国国君，用针石药剂很快就救活了公子。大家都认为扁鹊能够使死了的人复生。扁鹊谦虚地说，不是我能起死回生，是他本来就没有死，我只不过是让他恢复过来而已。

扁鹊经过蔡国的时候，看见蔡桓公气色不好，就很直率地告诉他："您生病了，病在皮肉之间，现在还比较容易治。"可是蔡桓公自我感觉很好，坚称自己没病。又过了5天，扁鹊见到蔡桓公说，你的病已在血脉里，不治就要恶化。蔡桓公又没有听扁鹊的劝告。又过了5天，扁鹊见到蔡桓公，见他面色灰暗，又说："您的病已在肠胃之间，再不治的话，就有生命危险了。"这次蔡桓公还是没理会。又过了5天，扁鹊最后一次见蔡桓公，见他面色已全无光彩，知道已是无药可救，就走了。没过多久，蔡桓公就发病而亡。

此后，扁鹊开始周游列国，随俗为变，处处为病人考虑。经过邯郸时，那里重视妇女，他就当妇科医生；经过洛阳时，那里尊重老人，他就当起了耳目科医生；

在咸阳时，那里人疼爱小孩子，他就做儿科医生。总之，他各种科目都很擅长，努力为天下百姓解除疾病。

扁鹊是一代神医，因为名声太大，遭到小人的嫉妒，最后被秦太医令李醯派刺客杀死。

扁鹊在医学上的成就，有以下几个方面：

一、在诊断方面，扁鹊采用了望色、闻声、问病、切脉的四诊合参法，尤其擅长的是望诊和切诊。在给蔡桓公看病的过程中，通过察看蔡桓公气色，就知道其疾病症结，就是望诊的体现。因此《史记》中称赞道："至今天下言脉者，由扁鹊也。"

阴阳十一脉灸经帛书

这是西汉初年的帛书，论述人体内 11 条脉络的循环、主病和灸法，是中国迄今发现较早的医学理论著作之一。

二、在经络藏象方面，扁鹊提出病邪沿经络循行与脏腑的深浅，以及病由表及里的传变理论。在诊治虢国公子时，他就深入分析了经络循行与脏腑的关系，并给出了救治的方案。

三、在治疗方法方面，扁鹊提出辨证论治与综合治疗结合。从史籍记载中，我们看出扁鹊已经熟练掌握了砭石、针灸、汤液、按摩、熨帖、手术、吹耳、导引等方法，将其灵活兼用于具体病案之中，综合治疗。

四、在科学预防方面，扁鹊提出了 6 种病不能治。即"骄恣不论于理，一不治也；轻身重财，二不治也；衣食不能适，三不治也；阴阳并藏、气不足，四不治也；形羸不能服药，五不治也；信巫不信医，六不治也。"其中不治"信巫不信医"，反映出扁鹊朴素的唯物主义思想。

综上所述，扁鹊是中国医学史上第一位继往开来的大医学家，他奠定了我国传统医学诊断法的基础。他对我国传统医学的贡献将永载史册。

古代药物加工器具

中国人很早就开始应用药物治疗。据考证，至今已经有几千年的历史。中国的药物大多为草本药物。制成成形的药需要加工器具。古代大多用石轮和石槽作为基本的器具。在漫长的发展历程中，中国的药物学形成了具有鲜明特色的、独树一帜的体系，相应的加工器具，也逐渐走向专一化、规范化。

诸子的
宇宙观、自然观
Yu Zhou Guan Zi Ran Guan

上天是运动着的吗？

大地是静止的吗？

日月为什么不断地轮回？

是谁在推动着宇宙的运行？

是谁在维系着宇宙的秩序？

是谁在无意间推动了宇宙的运转？

宇宙的运转是不能自己停下来的吗？

是否有一种机关在推动宇宙，使它无法停止？

在 2000 多年前，春秋战国时期的庄子面对着无穷无尽、玄奥深邃的宇宙，经过哲理性思考后，发出深刻的追问。它历经千载，仍然以其深远的气魄，叩击着每个宇宙探秘者的心扉。

那是一个思想繁荣的年代，那是一个学术自由的年代，那是一个人才辈出的年代。春秋战国，是我国历史上少有的几个繁荣期。随着分封制度的土崩瓦解，庶族地位有所上升。私学的兴起，造就了一大批士人。思想的开放，学术的自由，就形成了"百家争鸣"的盛况。这一时期也顺理成章地成为我国科学技术体系奠基的年代。

春秋战国时期的诸子百家，虽然在治国方略、哲学思想以及社会伦理等方面主张各不相同，但是在利用科学论证自家学说的正确合理性上却是一致的。他们不拘形式，不一而足，阐述了他们对于自然界——从宇宙、天地、万物乃至人本身的思考，都是科学合理的，颇具前瞻性和深刻性，加深了人们对周围世界的了解，促进了自然科学的发展。

诸子百家在这场论争中批判和摒弃（或是避而不谈）了早

《五星占》帛书残片

这是西汉初年写成的有关天文星象的占卜书，记载了大量的天文现象，具有很高的科学价值，是中国现存最早的天文书。书中记载了金星、木星、土星的位置和它们的活动规律。其中包括庞杂的"天人感应"说，是当时流行的占卜书，故称"五星占"。

屈原《楚辞·天问》里对宇宙生成与演化的考问

> 遂古之初，谁传道之？上下未形，谁籧考之？冥昭瞢暗，谁能极之？冯翼惟象，何以识之？明明暗暗，惟时何为？阴阳三合，何本何化？

期的天命观和有神论，更加关注于自然界的客观存在及其发展变化的内在规律性问题，保证了科学的健康发展。在先秦诸子里面，荀况对天命观批判最具代表性。在《荀子·天论》中，他提出了自然界没有意志且按一定规律运动的思想，肯定了"天行有常，不为尧存，不为桀亡"，即自然法则是不以人们的意志为转移的客观规律。从这些观念出发，荀况进一步提出了"制天命而用之"的人定胜天思想。这种坚决反对鬼神迷信、坚持朴素唯物主义的思想，有力推动了科学的长足发展。

当时，诸子百家就以下几个重要的自然科学方面的问题展开了讨论：

一、宇宙的无限性。尸佼（约前4世纪）曾给宇宙下了一个定义："四方上下曰宇，往古来今曰宙。"即"宇"就是指东西南北上下各个方向延伸的空间；"宙"就是指过去、现在和将来的时间。关于宇宙空间无限性的问题，《庄子·天下》篇记载惠施说："至大无外，谓之大一；至小无内，谓之小一。"惠施认为，宇宙之大是没有边际的，就是无限大，谓之"大一"；宇宙之小，向内也是没有边缘的，就是无限小，谓之"小一"。而且他还指出万物都是由"小一"组成，之间差异只是量不同而已，即"万物毕同毕异"。另外需要一提的是墨家提出物体分割到不能再分的时候，叫"端"，与古希腊德谟克利特提出的原子说有些相像。

二、宇宙的本原与演化。老子在《道德经》中认为宇宙万物的本原是无，从无中生有，然后才生出天下万物。他指出，这种"先天地生"的东西叫"道"，是一种绝对精神的东西。道生天地，天地分别生阳、阴，阴阳交合生万物。庄周继承并发展了老子的观点，指出"太初有无，无有无名，一之所起，有一而未形，物得以生，谓之德。"他也认为本原是无，只是在演化过程从无到气出现间，加进无形和无

青龙
二十八宿名称
北斗
白虎

二十八宿衣箱

这个衣箱在曾侯乙墓中出土，箱盖正中绘有北斗，环绕北斗依次书写二十八宿中苍龙、白虎的全部名称。将二十八宿与北斗相配合，是中国黄河流域观象所独有。证实了至迟在公元前5世纪，中国已经形成了完整的二十八宿体系。

儒家经典里的"天地起源"

《易·系辞上》："易有太极，是生两仪，两仪生四象，四象生八卦，八卦定吉凶，吉凶生大业。"两仪，指天地。四象指金、木、水、火。

气两种形态。当然，也有不同的看法。《管子·内业》中就记载着另外一种主张，认为精神和物质世界的本原是精气，把道作为生成万物的原质。荀况则认为气是万物之本。综上可知，春秋战国时期，宇宙本原的论争，主要是老庄学派认为万物生于无和著作《管子》的齐国学者主张万物生于有的论争；两者都有一定的道理和影响。

三、天与地的关系。春秋晚期，邓析认为天地不存在截然的尊卑差异。惠施进一步认为天是可以"与地卑"的。春秋战国时期，人们对天圆地方产生了怀疑，其中慎到明确提出了天浑圆说。

诸子百家关于自然观、宇宙观的看法、主张虽各有异同，但是在争鸣中，他们相互取长补短，将科学问题逐渐引向深入。其哲理性思辨为后世的科学进步提供了思想养分。

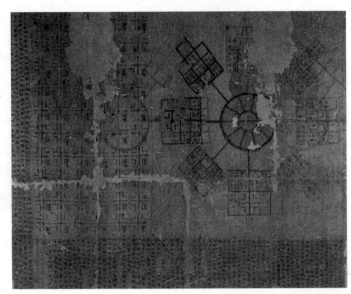

二十四节气的分布

天文气象杂占卜帛书

这是西汉初年写成的有关天文星象的占卜书，以根据气象变化进行占卜为主要内容，也穿插天文范围的彗星和其他星象，共有350条占卜，每条都配有示意图。

扫码获取更多资源

墨子的小孔成像
Xiao Kong Cheng Xiang

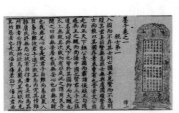

《墨子》书影

墨子，姓墨名翟，春秋战国时期鲁国（今山东西南部）人。墨子是一位杰出的思想家、哲学家、社会活动家，同时也是一位杰出的科学家和发明家。

墨子可能出生于一个以木工为谋生手段的手工业家庭里，从小耳濡目染，加之聪明巧思，他很快就成为一名技艺高超的木工匠师和机械制造家。墨子非常好学，一方面不断汲取前人各方面的知识，另一方面通过亲身实践不断创新。这样，他很快就成长为一代学术大师。

墨子一生的活动主要是两个方面：一是广收弟子，宣扬自己的学说；一是不遗余力地反对兼并战争。由于墨子的教学方法灵活独特，深受弟子欢迎，从者很多，使墨家成为当时与儒家并称的显学。墨子的政治主张是舍己利人，建立一个平等、安定、人人安居乐业的"尚同"社会。史载墨子与公输般斗法来止楚攻宋一事足见他为实践自己理想所做的努力。

《墨经》是先秦诸子百家著作里最具科学价值的一部。它原来是《墨子》一书中的4篇，即《经上》、《经下》、《经说上》、《经说下》。

在清以前，人们都认为《墨经》是墨子所著。后来孙诒让、胡适等提出"别墨"或"后期墨家"之作的言论。其怀疑精神可嘉，但是考证分析实难成立。因此，综论各方，一般认为《经上》、《经下》二篇应是墨子自著，《经说上》、《经说下》二篇亦可能是墨子自著，即便不是，亦为墨子弟子记录师说而成。《墨经》的内容，集中反映了墨子的科学成就。

墨子的科学技术和贡献是多方面的，涉及数学领域里的几何学和算学，物理学领域的声学、力学和几何光学以及机械制造等。

首先，在数学领域方面。墨子给出了一系列算学和几何学概念的命题和定义，计有10余条之多，都载于《墨经》之中。他具体给出了"倍"、"平"、"同长"、"中"、"直线"、"正方形"等定义，其中关于"圆"的定义："圜，一中同长也"，"圜。规写交也"。也就是说：与中心同长的线构成圆，如用圆规绕中心一周即画成圆。这与欧氏几何圆的定义完全相同。几何学里的点、线、面、体被墨子称作"端"、"尺"、"区"、"体"。其中"端"是不占有空间的，是物体不可再分的最小单位。墨子所给的定义都是具体而准确的。虽然墨子的数学理论尚未形成一个完整的体系，但是数学概念定义的严密性和抽象性，集中反映

小孔成像实验

光线在直线行进的过程中穿过小孔，穿过小孔上的为下，穿过小孔下的为上，在屏幕上形成一个与原物大小相同的影像。它明确地表达了光直线传播这一原理。

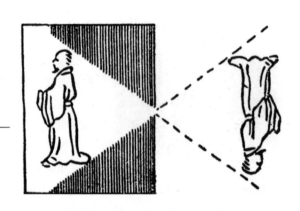

了墨子的理性思维深度，开拓了理论数学的发展之路。仔细比较墨子的概念与欧氏几何，我们不难发现，其命题和定义基本一致，且比欧几里得要早100多年。

其次，在物理学领域。墨子在声学、力学和几何光学方面都有重要贡献。在声学方面，墨子对声音共振现象展开研究，发现井或罂具备放大声音的作用，并加以利用，将之作为监听敌人动向、预防攻城的工具。在力学方面，墨子给出了一些重要的定理和概念。例如他给出了力的定义："力，形之所以奋也。"（力是使物体运动的原因），尽管是错误的，但在当时的条件下还是先进的。他也说明了反作用力和阻力的存在。墨子还对杠杆原理作了精辟表述，比阿基米德要早200年。在光学方面，墨子的成就最为杰出。他是世界上第一位对几何光学进行系统研究的科学家，他研究的广度和深度也是同时代的其他科学家所不及的。其记述集中于《墨经下》和《墨经说下》，各有8条，内容涉及了几何光学的各个方面。通过对小孔成像的实验，对平面镜、凹面镜、凸面镜成像的研究，他得出的几何光学的一系列基本原理，都堪称经典。

在春秋战国时期，就科学技术成就来说，以墨子和墨家成就为最；就其广度和深度来说，与同时代的古希腊任何一个学派和任何一位科学家相比，墨家和墨子都有过之而无不及。可以这样说，在对于自然界的理性认识方面，墨子登上了当时科学的最高峰。

春秋晚期的生铁冶炼技术
SHeng Tie Ye Lian Ji Shu

刻有"石勤"

斧范
这是用来制造铁斧的铁范。

铁范的使用

中国是世界上最早使用铁范的国家。铁范的使用是冶铁业发展的重要标志。铸造时将铁范固定，再将熔化的铁水浇铸到铁范里，待其冷却即可成为生铁铸件。铁范既能够反复使用，又能生产器形复杂的铁器，而且使铸件更加规范。大量战国时期铁范的出土证实当时各国的冶铁业已经普遍使用铁范并掌握了生铁铸造技术。

春秋铸造技术的进展 ——失蜡法

先用蜡制成与所要铸件相同的模型，然后再在模型外敷以造型材料，形成整体铸型，接着加热使蜡熔化倒出，形成空腔铸范，最后注入金属熔液，冷却后即可得到所要的铸件。

干将和莫邪，传说是春秋时期一对铸剑的夫妇。

有一天，吴王把干将请去，让他为自己铸两把绝世的宝剑。吴王给干将一块生铁和一些铁胆肾。生铁据说是王妃夏日纳凉，抱了铁柱，心有所感，怀孕而生。铁胆肾则是两只吃钢铁的小兽被杀后取出来的。

干将回到家中，便与妻子莫邪架起炉子，装好风箱，另外还采了五方名山铁的精华，混合在生铁和铁胆肾里。他们观天时，察地利，等到阴阳交会的时辰便开始铸剑。刚到 3 个月的时候，天气骤冷，铁柱不熔化了。于是莫邪就剪下自己的头发和指甲，投入到熊熊的炉火里；干将也割破手指，滴血入炉，铁水就开始沸腾了。

夫妻二人辛苦锤炼，历时 3 年，才将剑铸成。剑铸成的时候，两朵五彩祥云坠入炉中。二人开炉一看，只见"哗啦啦"喷出白气，震得地动山摇，白气直冲上天，久久不散。

再看炉子，已冷如冰窟，炉底一对宝剑青光闪烁。剑成之后，为了纪念自己的辛勤劳动，他们用自己的名字命名宝剑。雄剑叫干将，雌剑叫（镆铘）。

干将和莫邪铸剑的故事，反映了春秋战国时期我国冶铁技术已经达到相当高的水平。

我国古代用铁的历史可追溯到商代。但冶铁术出现较晚，到西周晚期才见端倪。虽然我国古代大约在公元前 1000 年才出现人工冶铁，显然要晚于西亚诸国，但是在随后的 400 年左右的时间里，接连出现的一系列冶铁技术的重大进步，使我国冶铁术跃居世界先进地位。

春秋时期大量铁制品的出土，表明大约在公元前 8 ～ 7 世纪，我国冶铁业已有了块炼铁冶炼术和块炼铁渗碳钢技术。这两项技术对于农具、手工工具，尤其是兵器质量的提高起了很关键的作用。在河北易县燕下都战国墓葬出土的钢剑和钢戟，就是运用块炼铁渗碳钢技术冶炼而成，还经过了淬火热处理。淬火热处理技术的使用，也是我国冶铁技术进步的一个表现。

最迟在春秋晚期，生铁冶铸技术出现了，它是我国冶金史上一个划时代的进步。生铁，亦称铸铁，需要在较高温度 (1100 ～ 1200℃) 下，使铁矿石液化还原而炼得的铁。生铁优点很多，如含碳量高 (2% ～ 4%)，质地硬，熔点低，适于和便于铸造成型。这就使得较大量和较省力地提炼铁矿石、铸造复杂器形的铁器成为可能。而西方直到 14 世纪才真正开始用生铁铸造物品。

在战国早期，人们已经熟练掌握了生铁热处理脱碳技术。这又是一项

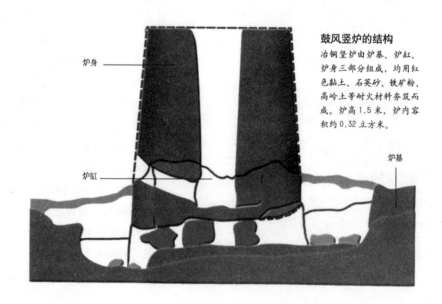

炉身

炉缸

炉基

鼓风竖炉的结构

冶铜竖炉由炉基、炉缸、炉身三部分组成，均用红色黏土、石英砂、铁矿粉、高岭土等耐火材料夯筑而成。炉高1.5米，炉内容积约0.32立方米。

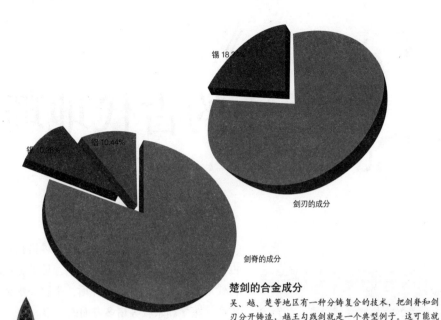

锡 18.3

铝 10.28%   铝 10.44%

剑刃的成分

剑脊的成分

楚剑的合金成分
吴、越、楚等地区有一种分铸复合的技术，把剑脊和剑
刃分开铸造，越王勾践剑就是一个典型例子。这可能就
是这些南方大国的宝剑锋利冠绝天下的主要原因。

意义重大的技术进步。运用这项技术，对生铁进行柔化处理，不仅增长了
铁器的使用寿命，而且加快了铁器替代铜器的步伐，从而使生铁广泛用于
铸造生产工具成为可能。这项技术比欧美早了 2000 多年。

值得一提的是，在战国早期，我国就已经出现了生铁制钢工艺，在世
界冶炼史上处于遥遥领先的地位。它是生铁铸件通过有控制的退火处理，
在保温的状态下脱碳，从而成钢。伴随着冶铁技术的进步，冶铁业也蓬勃
兴起，生产规模不断扩大，成为当时手工业生产最重要的部门之一。在战
国早期，冶铁业相对集中于秦、楚等地区，到战国中、后期已遍及广大地区。
钢铁制品从兵器到各种手工工具，再到各种生活用具，种类繁多，质量越
来越好，社会各行各业的生产效率得到了大幅度提高。

综上不难看出，冶铁技术在我国虽然起步较晚，但是发展极其迅速，
伴随着一系列重大的冶铁技术进步，在春秋战国时期（尤其是战国中后期），
我国冶铁业得到了空前的发展，迅速跃居世界冶铁业的前列。

越王勾践剑
越王勾践剑用青铜铸成，它采用氧化膜、硫化技术和精密陶
范铸造而成，代表了战国时期铸剑的最高水平。

《山海经》
中的古代地理
Gu Dai Di Li

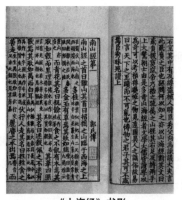

《山海经》书影

《山海经》是一部内容丰富、风格独特的古典著作，全书共计3.1万多字，记录了我国古代地理、历史、民族、神话、生物、水利、矿产、医学和宗教等诸多方面的内容。

《山海经》由三部分组成，包括《五藏山经》（以下简称《山经》），共计5卷26篇，约2.1万字；《海经》，计8卷8篇约4200字；《大荒经》，并《海内经》1卷，计5卷5篇，约5300字。

有关《山海经》的作者和成书年代，众说纷纭，东汉刘向《上山海经表》中，主张该书出于唐虞之初，系禹、益所作，后来《尔雅》、《论衡》、《吴越春秋》等都从这个说法。目前学界看法是，《山海经》成书非一时，作者亦非一人。其中《山经》成书最早，大约在春秋战国时期；《海经》稍晚，成于西汉；《大荒经》及《大荒海内经》大约成于东汉至魏晋时期。

《山海经》里有关山川和河流湖泊的描述，具有很高的地理学价值，为研究中国古代地理提供了丰富的资料。东汉时期，明帝送给治水专家王景的参考书中就有《山海经》。北魏郦道元写《水经注》时，引用《山海经》达80余处。到了近代，顾颉刚作《五藏山经诚探》，发表了精辟的见解。其后谭其骧写作《"山经"河水下游及其支流考》，利用《山海经》里丰富的河道资料，将《北山经》中注入河水下游的支流一一梳理，考证出一条最古的黄河故道。

《山海经》里所描述的地域范围非常之广，几乎覆盖全国：其中《南山经》东起浙江舟山群岛，西达湖南西部，南至广东南海，包括今浙、赣、闽、粤、湘五省；《西山经》东起山、陕间黄河，南抵陕、甘秦岭山脉，北达宁夏盐池，西北至新疆阿尔金山。《北山经》西起今内蒙古、宁夏腾格里沙漠贺兰山，东达河北太行

《山海经》中矿物描述

《山海经》是我国第一部矿物岩石著作。所记矿物岩石达89种，产地400余处。在矿物命名上，《山经》把矿物分为金、玉、石、土四类，是世界上最早的矿物分类法。

山东麓，北至内蒙古阴山以北。《东山经》包括今山东和苏皖北境。《南山经》西到四川盆地西北边缘。《中山经》则指中部山脉。

《山海经》里还记载了许多原始的地理知识，例如南方的岩溶洞穴，北方河水的季节性变化，以及不同气候带的景物与动植物分布等特点。

《山海经》作为中国最早的地理著作，在世界地理学史上也占有一定的位置。《山海经》以中部的"中山"为中心，四周为"南山"、"西山"、"北山"和"东山"所构成的大陆。《山海经》认为大陆被海包围着，在海之外还有陆地和国家。这种认识虽有其局限性，但在当时无疑还是很先进的。

后羿射日图

《山海经》中记载了不少古代的神话，但更多的是地理学方面的事实。在中国的历史上，有不少地理学家，他们不仅在国内作地理考察，有的甚至前往南亚、东南亚各地，这对扩大中国人的地理视野，加强中外科学文化的交流，做出了不可磨灭的贡献。

《尔雅》与生物分类

Er Ya Yu Sheng Wu Fen Lei

《尔雅》书影

《尔雅》是我国古代的一部百科词典。在汉代，儿童识字之后，就要读《尔雅》，来认识鸟兽草木虫鱼，增长知识。

从字面上看，"尔"就是近正的意思；"雅"是"雅言"，即某一时代官方规定的规范语言。"尔雅"就是接近、符合雅言，即以雅正之言解释古语词、方言词等，使之近于规范。

《尔雅》是我国最早的一部解释词义的专著，也是第一部按照词义系统和事物分类来编著的词典。

关于《尔雅》的作者和成书年代，历来说法不一。《尔雅》最早著录于《汉书·艺文志》，但是没有记载作者姓名。有人认为是西周初年周公旦所作，也有人认为是孔子及其门人编写；后人大都认为是秦汉时成书，经过不断增益，到了西汉才被整理加工成今日规模。分析原因，《尔雅》的成书上限不会早于战国，因书中引用资料均来自战国时的《楚辞》、《庄子》、《吕氏春秋》等书；下限亦不会晚于西汉初年，因为汉文帝已设置了《尔雅》博士。

《尔雅》全书共收词语 4300 多个，分为 2091 个条目。这些条目按照类别又分释诂、释言、释训、释亲、释官、释器、释乐、释天、释地、释丘、释山、释水、释草、释木、释虫、释鱼、释鸟、释兽、释畜 19 篇。前 3 篇所解释的是一般语词，相当于语文词典，较抽象；后 16 篇根据事物分类来解释事物名称，相当于百科名词词典，比较具体；尤其是后 6 篇，完全是讲生物的，包含了我国古代早期丰富的生物学知识。

生物分类

分类系统是阶元系统，分为 7 个主要级别：种、属、科、目、纲、门、界。种是基本单元，近缘的种都归合为属，近缘的属合为科，依次而上。各单元上下可附次生单元，如总目、亚目、次目等；还可增设新的单元，如族（介于亚科和属之间）。

《尔雅》把生物分为动物和植物两大类，又把植物分为草、木两类，动物分为虫、鱼、鸟、兽四类。其中动物分类里面：虫包括大部分无脊椎动物，鱼包括鱼类、两栖类、爬行类等低级脊椎动物及鲸、虾、蟹、贝类等，鸟是鸟类，兽是哺乳动物。这个分类，比起 18 世纪近代分类学奠基人瑞典植物学家林奈的天纲系统，只少了两栖和蠕虫两个纲，却比他早了 1800 多年。在世界生物分类学史上，《尔雅》是最早的生物分类学方面的著作。

《尔雅》所记载的生物分类和动、植物的解释，成为人们研究我国古代动植物的重要书籍。晋代郭璞对《尔雅》的研究，在生物学史上占有很重要的地位，他将《尔雅》视作研究动、植物的入门书。他在《尔雅注》序言中讲道："若乃可以博物不惑，多识于鸟兽草木之名，莫近于《尔雅》也。"他研究和注释《尔雅》达 18 年之久，书中引经据典，解释各种动、植物在当时的正名和别名，并对许多动、植物的形态以及生态特征作了具体的描述。因为郭璞的研究和注释，《尔雅》所包含的分类思想不仅得以保存和继续，而且更加彰显出来。

在郭璞的带动影响之下，宋元以至明清，研究《尔雅》者层出不穷，仅清代研究《尔雅》的著作就不下 20 种。其中与生物学关系密切的有罗愿的《尔雅翼》和陆佃的《埤雅》。《尔雅翼》共 30 卷，全部讲生物，分为释草、释木、释鸟、释兽、释虫、释鱼等部分。

《尔雅》对生物分类以及动植物的研究，成为中国传统生物学的重要组成部分，也成为研究我国古生物的重要参考文献。

《尔雅》与群雅

《尔雅》首创按意义分类编排体例和释词方法，后人仿之著作了一系列以"雅"为书名的词书，如《尔雅注》、《骈雅》、《广雅》等，称为"群雅"。研究"群雅"的学问被称为"雅学"。

李冰父子与都江堰

Du Jiang Yan

美丽富饶的成都平原，被人们称为"天府"乐土，从根本上说，这是李冰父子修建都江堰的功劳。

这个距今 2200 多年的水利工程，使"蜀人旱则借以为溉，雨则不遏其流，水旱从人，不知饥馑。"

都江堰位于成都平原西部灌县的岷江上。大家都知道，岷江是长江的一条支流，发源于四川西北部。岷江的上游是高山峡谷，水流湍急，挟带大量沙石，一到成都平原，地势平缓，流速也随之减缓，沙石就沉积下来，日积月累，淤塞河道。每逢夏季雨水季节，由于河床抬高，水就会泛滥成灾，暴发洪水。雨季一过，枯水季节又会造成干旱。在这种不是洪水就是干旱的情况之下，早期的人们很难发展农业生产。

为了彻底治理岷江的水患，治理开发好西蜀，公元前 256 年，秦昭襄王任命很有才干的李冰为蜀郡守。有关李冰的生平，因为秦始皇焚书坑儒和秦汉战争的毁坏，很难找到相关记载，我们只能从民间传闻中知道，他是战国时期秦人，"能知天文地理"，是一个杰出的科技专家，同时也是一个勤政爱民的地方官。

李冰到达蜀地之后，在其子二郎的协助之下，广泛召集有治水经验的人，然后对岷江的地形和水形进行了实地勘察。经过充分的论证和研究，李冰决定开建都江堰水利工程。

在战国时期，科技还不发达，营建都江堰这么浩大的水利工程，李冰凭借他的聪明才智，克服了许多困难。例如要凿穿玉垒山，因为当时还没有炸药，难度非常大，李冰就让人们把木柴堆积在岩石上，放火点燃，岩石被烧得滚烫，然后再浇上冷水，岩石就在急骤的温度变化中炸裂了。再例如在水流湍急的岷江中，修筑堤堰十分困难，石块很容易被水冲走，李冰就让人从山上砍来竹子，并编成竹笼，里面装满鹅卵石，层层叠放在一起，这样就不容易被冲走了，分水堤也就修筑起来了。

　　李冰依靠当地人民群众，克服了各种困难，终于筑成了一座集防洪、灌溉、航运功能于一体的综合性水利工程——都江堰。

　　都江堰由鱼嘴、人字堤、飞沙堰、宝瓶口、内外金刚堤和百丈堤等构成，是一个有机的整体。其中鱼嘴、飞沙堰和宝瓶口作为都江堰渠首的三大主体工程，是整个工程的核心。

　　鱼嘴，又叫"都江鱼嘴"或"分水鱼嘴"，因其形如鱼嘴而得名。它昂首于岷江江心，将岷江一分为二。西边叫外江，俗称"金马河"，是岷江的正流，主要功能是排洪；东边沿山腰的叫内江，是人工引水渠，主要功能是灌溉。鱼嘴的设置非常巧妙，不仅能够分流引水，而且能在洪、枯水季节起调节水量的作用，这既保证了灌溉又防止了洪涝灾害。

　　飞沙堰，又叫"金堤"或"减水河"，因其具有泄洪排沙功能而得名。它长约180米，主要功能是把多余的洪水和流沙排入外江。飞沙堰的设计高度能使内江多余的水和泥沙从堰上自行溢出；若遇特大洪水，则自行溃堤，洪水沙石也可

都江堰灌溉工程示意图

江心分坝，称"鱼嘴"，将岷江分为内江和外江（外江是岷江的原河道）。玉垒山开凿后，将内江导入川西平原。玉垒山的内江入口称"宝瓶口"，岩石坚硬，不怕洪水和沙石冲刷。在宝瓶口上游建"飞沙堰"，可将水中沙石排出，并起到分洪的作用。

直排外江。"深淘滩，低作堰"是都江堰的治水名言。内河在岁修时深淘是为了避免河道淤塞，保证灌溉。低作堰则为了恰到好处地分洪排沙。

春秋战国时期的
主要灌溉工程

(1) 期思陂、芍陂　　（孙叔敖主持修建）

(2) 引漳十二渠　　　（西门豹主持修建）

(3) 白起渠　　　　　（白起主持修建）

(4) 都江堰　　　　　（李冰主持修建）

(5) 郑国渠　　　　　（水工郑国主持修建）

宝瓶口，是前山伸向岷江的长脊上人工开凿而成的控制内江进水的咽喉，因其形似瓶口且功能奇特得名。它是自流灌溉渠系的总开关。内江水流经宝瓶口后通过干渠。宝瓶口宽20米，高40米，长80米。

这三大主体工程，虽看似简单，却包含着系统工程学和流体力学等处于当今科学前沿的科学原理，它所蕴藏的科学价值备受人们推崇，连外国水利专家看了整个工程设计之后，都惊叹不已。

都江堰，作为全世界迄今为止年代最久、唯一留存的以无坝引水为特征的水利工程，以其千载传承的科学性和实用性，当之无愧成为一座丰碑！

都江堰（鸟瞰图）

都江堰是世界上现存最悠久的无坝引水工程。发源于大雪山的岷江沿着四川盆地倾斜的地势，冲积成成都平原，使成都平原南部免除洪涝之苦，北部旱地得以灌溉，并获舟楫之利。历经2000多年，至今仍发挥作用。

独步世界的
中国漆器
Zhong Guo Qi Qi

可以转动的头部
浮雕夔龙的盒盖

撞钟图

鸳鸯形漆盒

据考证，早在 7000 多年以前，在中国江南地区就有漆器。漆器是以木、竹、金属、织物等材料做胎骨，在表里涂以漆料层的器物。漆器具有坚实轻便、耐热耐酸、抗潮防腐等特点，因此，漆器在古代是人们日常生活的重要用品。漆器美观大方，经济实用，是我国古代的一项重大发明。

扫码获取更多资源

美丽的纹饰，亮丽的色彩，别致的造型，它那风情万种而又变化多端的风格，总能让人为之着迷。它是生活中的日用品，也是理想的装饰物，更是颇具收藏价值的艺术品。它的名字叫做漆器。

漆器在中国可谓历史悠久，工艺先进。

漆器的使用，可追溯到新石器时代。到了尧、舜、禹时代，漆器工艺有了长足发展，已经有了特定的着色规定，如在漆里加进黑或红色颜料。《韩非子·十过》中记载有："尧禅天下，虞舜受之，作为食器……流漆墨其上……舜禅天下而传入禹。禹作为祭器，墨染其外而朱画其内。"到了商代，漆器工艺更是日趋成熟，制作的漆器相当精美。考古出土的漆器残片上绘有精美的花纹，有的还镶着绿松石。

春秋战国时期，漆器工艺已达到很高水平，艺术性也大大提高了。这时的漆器大都胎质坚挺，形象精美，加上细腻的花纹，鲜艳调和的色彩，简直就是美轮美奂的艺术精品，到了战国时候，人们已经认识到荏油的性能，并且把这种特殊的干性油作为稀释剂掺加到漆里面。通过两者结合，既改善了绘饰的性能，又降低了成本，真可谓一举两得。从大量出土的文物中，我们看到战国的漆器彩绘中，遍布红、黄、蓝、白、黑五色以及各种复色。而且人们所用颜料的来源也极其复杂，包括蓝靛等植物性染料以及丹砂、雄黄、雌黄、石黄、红土等矿物性染料。将漆器上好油漆之后，人们通常会把它放置

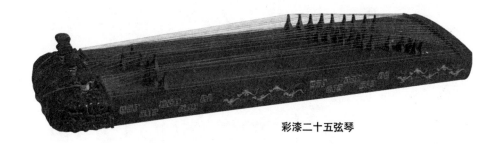

彩漆二十五弦琴

在专门的较为阴湿密闭的荫室里，以使油漆在器物表面聚合成膜，达到干后不出现裂纹的目的。春秋战国时期的漆器精品，以1984年在湖北省随县出土的大型编钟架和1957年、1958年在河南省信阳市长台关楚墓出土的漆木鼓架最具有代表性。

秦汉时期，漆器工艺发展到了高峰，无论是其制作工艺，还是生产规模，都更上了一层楼。由于漆器业的兴盛，无论是官方还是私人都加入到了这个行当，漆园的规模与财富等同而论。司马迁说："陈、夏千亩漆"，业者"富与千户侯等"。在汉代，朝廷在10个郡县设立漆器工官来专门从事漆器的制作，其兴盛可见一斑。汉代漆器的制作工序如下：素工（做内胎）、髤工和上工（上油漆）、黄涂工（在铜质附饰件上鎏金）、画工（描绘油彩纹饰）、汨工（雕刻铭文等）、清工（最后修整）。分工精细，井然有序，形成一条漆器制作的生产线。另外，除了制作的工人之外，还有供工（负责供给材料的人）、造工（负责全面管理的工师）以及各种监造的工官，各尽其能，保证了生产过程的有序进行，真可谓"一杯棬用百人之力，一屏风就万人之功。"秦汉时期的漆器精品，以湖南省长沙市马王堆汉墓出土的精美漆器为代表。

秦汉以后，作为实用物品的漆器逐渐被随后发展起来的廉价耐用的

木胎漆器的制作方法

工艺	流程	主要制品
斫制法	根据器物形状，用材料直接斫制而成	几、案、耳杯
旋制法	把材料不断旋转，以工具加工，多用于圆鼓腹的器物	鼎、盒、壶、盃
		奁、卮类直筒形器物
卷制法	用薄片卷成筒状器身，下接平板为底	屏风、镇墓兽
雕刻	以整木雕刻而成	

瓷器所取代，但是作为工艺品其技术仍然向前发展。如魏晋南北朝时期完善的脱胎工艺、唐代的剔红技术、唐宋时用桐油替代荏油做稀释剂的工艺，都是漆器工艺上的发展和进步。

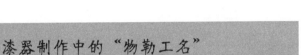

漆器制作中的"物勒工名"

即在漆器不显眼处标明有关工种匠人和工官的姓名，以此来保证产品的质量，并便于事后检验。这种做法，也与一定的奖惩制度相挂钩。产品出了问题，追查责任，自然要惩罚署名者；如果产品上乘，自然也会表彰署名者。这一举措，大大提高了工匠、工师和工官的责任感，同时也督促其在技术上更加精益求精。

漆器的制作工序

西周漆器制作要经过制胎、施漆灰、髹漆、装饰等工艺流程。木胎制作多结合斫制与挖制的方法，有些器物的木胎，例如缶、壶等，要用雕、凿等方法制作。木胎制成后，经过打磨，先在表面上施一层漆灰（这种工艺一直沿用至今），然后再在漆器表面髹上褐、黑、朱三种颜色的油漆，最后以彩绘、镶嵌、贴金箔、雕镂等手法装饰。

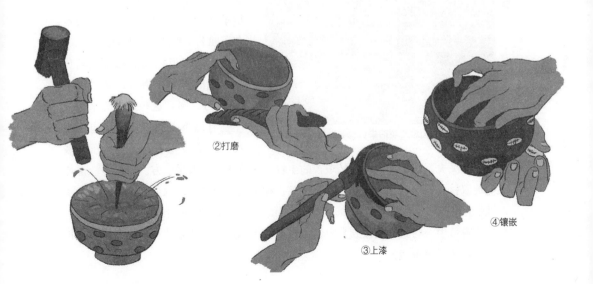

②打磨

③上漆

④镶嵌

秦始皇
筑万里长城
Wan Li Chang Cheng

万里长城，是世界七大奇迹之一。

长城的修筑是从战国时期开始的，各诸侯国为了相互防御，在各自管辖的境内修筑起高大的城墙。秦始皇于公元前221年兼并其他六国，建立起第一个统一的中央集权制封建国家。当时我国北方的游牧民族匈奴和东胡，常常侵犯中原地区，危害甚大。为了防范起见，秦始皇便派大将蒙恬和太子扶苏统率30万大军击退匈奴，然后将原有的各诸侯国长城连接起来，并加筑新城，历时10余年，西起甘肃临洮，沿黄河到内蒙古临河，北达阴山，南到山西雁门关、代县、河北蔚县，经张家口东达燕山、玉田、辽宁锦州并延至辽东，长达12000华里（6000公里），至此，我国就有了闻名于世的万里长城。

宁夏固原北境的秦代长城遗址

秦朝万里长城的修筑，耗费了大量的人力、物力，动用民工达30万之多；这些人力的来源，主要有以下三类：一是戍边的官兵，二是被充军的罪犯，三是被征来的民夫。这是一项浩大又艰苦的工程。建筑所用的大量土方、石方等，都是就地取材。在崇山之间，开山取石垒墙；在平原黄土地带，取夯土筑城；在沙漠地带，用芦苇或柳枝层层铺沙。建筑材料的运输主要也靠人力解决，抬、挑、扛；当然附带用一些简单机械或畜力。当时科技不发达，生活条件也十分恶劣，修长城的艰辛可想而知。

秦万里长城的修筑虽然对国家安全起了重要作用，有力抵御了匈奴的侵犯，但是由于秦始皇急于求成，造成因苦役而死于长城脚下的民夫不计其数。孟姜女哭长城的传说就是这一现象的反映。相传孟姜女是范喜良的妻子，秦始皇修筑长城时，把范喜良征去当民夫。结果范喜良在工地之上因不堪劳累而死。孟姜女送寒衣到长城，得知丈夫死讯后，悲痛难忍，放声大哭，一下就哭倒了800里长城。

秦始皇修筑万里长城之后，其后历代统治者出于安全方面的考虑，都对长城进行过一定程度的维修或扩建。其中最为著名的就是汉长城和明长城。汉武帝时，为了防范匈奴对西域地区的侵扰，同时也为了保证丝绸之路，特别是河西走廊的畅通，修筑了凉州西段长城。汉长城包括北自今内蒙古自治区额济纳旗的居延河起始，大体沿额济纳河向西南方延伸，经今甘肃省境内的大方盘城到金塔的北长城；从金塔经破城子、桥弯城到安西的中长城；由安西经敦煌城北达大方盘城、玉门关，进入今新疆维吾尔自治区境内的南长城。朱元璋推翻元朝在中原的统治之后，为防范残元势力，于建国之初开始大力修筑长城，历时200多年，修成后的明长城西至甘肃嘉峪关，东至辽宁鸭绿江口，全长6000多公里。

万里长城，作为我国古代一项防御性军事建筑，凝聚了无数劳动人民的血汗和智慧，它已经远远超出了统治阶级所赋予的安全防范的内涵，它所体现的中华民族的坚强意志和磅礴气魄将震古烁今，不断传承！

万里长城四大特点

(1) 历史悠久。战国长城已有2700多年历史。秦长城有2300年历史。明长城也有600多年。

(2) 长度惊人。长城贯穿黄河、长江流域16个省，市，自治区，总长10800华里（5400公里）。超过1万华里的有秦长城、汉长城、明长城。

(3) 工程浩大。如果把明长城的土、砖、石方用来修筑一条1米宽、5米高的城墙，可以环绕地球一周。

(4) 建筑技术高超。长城所经之地，地形复杂。修筑时，要运用数学、力学、几何学、测量学、地质学、建筑学以及运输组织等诸方面的科学技术。

阿房宫
秦代的宫殿建筑
Gong Dian Jian Zhu

立凤纹

秦朝宫殿遗址出土的凤鸟纹空心砖
空心砖是古代建筑用的一种砖，有隔音、防潮、保持室内温度等功能。

砖结构技术

战国时期出现的空心砖和小条砖，到秦汉时期被大量用做建筑材料。特别是小条砖，其长、宽、厚的比例约为4：2：1。

秦汉时期有许多垒砌的方法，如半砖顺砌、平砖丁砌、顺砖顺砌、侧砖丁砌等等，采用这些方法不仅使墙体坚固美观，而且可以达到节省工料、降低造价的效果。砖顶垒砌法也在汉代获得了重大发展。

阿房宫是秦朝著名的宫殿建筑，闻名古今。

秦始皇统一六国之后，决定在渭水南岸建宫殿以显示帝王的显赫与尊严，其前殿就是阿房宫。相传阿房宫的建筑极尽奢华之能事，朝廷动用大量财力与物力，终于建成。阿房宫的恢宏壮观让人想望其风采，杜牧在《阿房宫赋》里这样描写道："覆压三百余里，隔离天日"，"一日之内，一宫之间，而气候不齐"。这种建筑恐怕真是后世所有宫殿无法比拟的。

阿房宫建筑的宏大豪华，直接反映了秦始皇的穷奢极欲，也加速了秦朝的覆灭。当时民谣就说："阿房，阿房，亡始皇！"最终，阿房宫被项羽一把火焚毁，据说大火烧了3个多月。

新近的考古证据表明，阿房宫其实并未建成，因此项羽也就无从焚烧。考古发现前殿现场只有一堵墙，南墙还没起来，勘探也没发现被火烧的证据。

尽管阿房宫还没有建成，但是从这些遗址的夯土来看，我们也可以确定阿房宫的确是一项宏大的工程，其布局规划亦确是大手笔。从发掘上看，阿房宫前殿遗址夯土台基东西长1270米，南北宽426米，现存最高高度是12米，仅夯土面积就达

上层结构

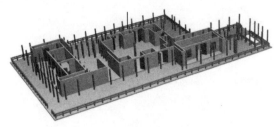

秦朝宫殿遗址内部复原图
该遗址跨越沟谷，是东西对称的两座高台宫室，这是宫室的上、下层结构。

浴室

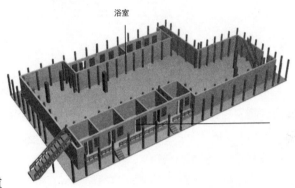

541020 平方米，是迄今为止中国乃至世界历史上规模最为宏大的夯土基址。

"法天则地"，是秦代规划城市的一条重要原则。秦一统天下，那种千载霸气表现在建筑方面就是宏大的气势。阿房宫的规划从一个层面上反映出了秦代宫殿建筑的特色，其建筑气魄也深深影响着后世的宫殿建筑。

秦朝以及秦以后的西汉，宫殿建筑的主要形式都是高台建筑。这是一种夯土台与木结构相互结合的建筑形式。运用这种建筑形式，能够把若干个单体木构建筑聚合在一个阶梯形的夯土台之上。《三辅黄图》中记载了秦朝新宫、朝宫等庞大宫殿建筑群的状况。在关中地区，"离宫别馆，弥山跨谷，辇道相属，木衣绨绣，土被朱紫"。高台建筑已遍及山野。

西汉建都长安，其宫殿建筑承继了秦朝宏伟规划的气势并有所发挥。作为宫殿的主体建筑未央宫，居于都城西南部，宫城周长 8560 米。其前殿台基南北长 200

秦朝阿房宫夯土基址
秦朝末年，项羽火烧阿房宫，据传大火 3 个月不熄，加以 2000 来年的风雨洗礼，今天的阿房宫仅保存一处建筑夯土遗址，这些夯土就是阿房宫的地基。

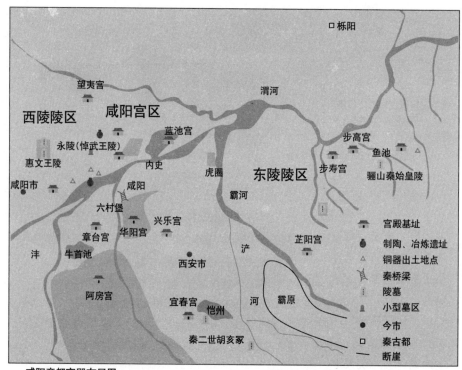

咸阳帝都宫殿布局图

秦朝一统后，定都咸阳。 为了体现秦帝国吞并六国的气势和秦始皇至高无上的威严，秦始皇倾尽全国财力，汲取六国建筑之精华，营造规模宏大的都城和宫殿。咸阳帝都的规划独具匠心，它完全摒弃了以前各朝代规划布局的陈规陋习。最为引人注意的是，帝都的四周没有设计具有防御功能的城墙，显示了秦朝强盛的国力以及超常的自信心。宫殿的设计意图，以想象中的天宫作为楷模，表现出秦朝当权者的"法天"思想。

多米，东西宽 100 多米，北端最高处竟达到 20 余米，真是恢宏壮观。未央宫加上长乐宫、桂宫、北宫等，构成了一个庞大的宫殿建筑群。这种以大宫殿群为中心，依朝宫主次而定位的布局，对后世建筑规划颇具启发性。

东汉定都洛阳，位于邙山与洛水之间，其宫殿建筑风格与西汉雷同，只是在布局之上更趋于规整。宫城位于都城的北半部，宫城之间有贯穿东西南北的主干道相连。主干道相互平行，宽度均在 40 米以上。主干道交叉相错，形成宽阔的宫前广场。

在建筑结构方面，西汉时期出现了木结构的多层建筑，拓展了建筑的室内空间，这种结构方式在东汉时期发展极快。

秦汉时期的宫殿建筑，其规模气势宏伟，让人折服；其规划布局科学，给人启发。这些都深刻影响到后世的宫殿建筑，并在我国建筑史上占据着举足轻重的地位。

秦始皇陵中的秘密

Qin Shi Huang Ling

出古都西安东行几十公里，可见一座像山一样突兀而立的巨大陵墓，这就是举世闻名的秦始皇陵。

秦始皇陵外观上看去有些类似金字塔，但它却非石质，而是用黄土夯成的。古埃及的金字塔是世界上最大的地上王陵，而中国的秦始皇陵则是世界上最大的地下皇陵。

秦始皇陵的修建伴随着秦始皇一生的政治生涯。从他 13 岁即位时起就开工建设，直到他死时还未竣工。二世继位后，又修建了一年才基本完工，历时 38 年，比胡夫金字塔的建筑时间还长 8 年；建陵动用人工近 80 万，几乎相当于修筑胡夫金字塔所动用人数的 8 倍。

整个陵园工程的修建，大体上可分为三个阶段：第一阶段为陵园的初期阶段，从秦始皇即位到其统一中国，在这 26 年里，先后展开了总体设计和主体工程的施工，初步奠定了陵园的规模和基本格局。第二阶段为大规模修建阶段，从统一到秦始皇三十五年，在这 9 年时间里，经过数十万人大规模的修建，基本完成了陵园的主体工程。第三阶段为最后收尾阶段，从秦始皇三十五年到二世二年冬，在这 3 年时间里，主要进行陵园的收尾和覆土工作。

整个陵园仿照秦都咸阳布局，呈回字形，陵墓周围筑有内外两重城垣，其外城周长 6210 米，内城周长 3870 米。秦始皇陵用黄土夯筑而成，形成三级阶梯，状若覆斗，底部四方形，底面积约 25 万平方米，高 115 米。由于风雨侵蚀、人为破坏，现在封土面积约为 12 万平方米，高度为 87 米。

秦始皇陵中"依山环水"的风水思想

秦始皇陵背靠骊山，面向渭水，形成南面背山、东西两侧和北面三面环水的风水格局。这种"依山环水"的风水思想对后代建陵产生深远影响，如西汉高祖长陵，文帝霸陵以及武帝茂陵都体现了这种思想。

秦始皇墓室复原图

①墓室是地宫的主体,是放置秦始皇棺木灵柩的地方,形状是口大底小的铜金字塔形,有六层阶梯,面积达19200平方米,相当于48个标准篮球场。

②墓室按天圆地方的构想设计。顶部呈半球形,仿照上天苍穹,绘制一幅天文星象图。周围布满星辰,以夜明珠做日月。

③底部是方形,象征大地。地面布置秦朝疆域的地理模型,包括了五岳九州和四十八郡。秦始皇的灵柩雄踞其中。模型是以实地测绘为基础的,在数学和测绘技术发达的秦朝,秦始皇陵墓制造的全国地理模型,应该相当精确。用水银象征的江河、大海,由机械装置推动,表现江河循环往复,生生不息。

④在雍城秦景公大墓已经出现的最高葬制——黄肠题凑,秦始皇当然也应该使用。

⑤根据战国高级贵族的墓葬分析,秦始皇应该使用一棺一椁。秦人有尚黑的习俗,外椁以黑为底色加上彩绘,内棺以红为底色加上彩绘,图案以龙凤纹、云纹和几何纹为主。在棺椁四周用镏金铜制的构架加固,既坚实又有装饰效果。

⑥金缕玉衣是汉朝盛行的帝王葬制中具有严格等级标志的重要内容,其实在战国时期已经出现了玉衣的雏形。《汉书》记载秦始皇"被以珠玉,饰以翡翠"。因此,秦始皇也必然是身穿金缕玉衣,形式与汉朝皇帝相同。

⑦秦始皇的随葬品丰富,从六国掠夺的奇珍异宝堆满墓室。在墓室两侧有专门放置随葬品的地方,也是墓主人宴乐活动之处。

⑧墓室中有长明灯,用一种鲸鱼油提炼的膏脂作为燃料,每小时消耗7.78克。因燃烧时间较长,故称"长明灯"。

⑨为防止造陵工匠泄露陵墓的秘密,数以万计的工匠被关闭在墓道中成为千古冤魂。

秦始皇陵地下宫殿是整个建筑的核心部分，位于封土堆下面。人们相传秦始皇将其生前荣华全部带入地下。由于其入葬之后，墓穴始终无人打开，人们对之格外好奇。在目前的考古发掘中，发现陵园以封土堆为中心，四周陪葬分布众多，内涵丰富，规模空前，数十年来出土的文物多达10万余件。考古发现地宫面积约18万平方米，中心点深约30米，发现有大型的石质铠甲坑、百戏俑坑、文官俑坑以及陪葬墓等600余处，还有被称为"世界奇迹"的兵马俑陪葬坑。

举世闻名的兵马俑就是在陪葬区发现的。1974年3月，骊山北麓农民打井无意间发现了兵马俑。兵马俑坑在秦始皇陵东侧1.5千米处，规模极其庞大，3个坑共2万多平方米，坑内共计有陶俑马近8000件，木制战车100余乘以及青铜兵器4万余件。这3个坑以发现早晚为序，一号坑最大，东西长230米，南北宽62米，总面积14260平方米，有俑马6000余件；二号坑紧随其后，面积6000平方米，有俑马1000余件；三号坑最小，只有500余平方米，内有武士俑68个。3个坑皆按兵阵布置，三号坑是总指挥。这3个坑所展示的就是秦始皇的宿卫军。

这些兵马俑，如真人真马一般高大，一个个造型生动，神情毕肖，在军事、服装、生活、建筑等诸方面为我们近距离对秦朝做出全面的考量提供了丰富的资源。我们相信，随着发掘的不断深入，越来越多的秘密将彻底展现在世人眼前。兵马俑井然有序，气势磅礴，置身其中，能让人感受到一种强烈震撼，使你不禁想起秦始皇金戈铁马、横扫六国、威震四海的英姿和挥师百万、战马千乘的勃勃虎威。秦始皇兵马俑的发掘，让我们亲身感受到了大秦帝国的强盛。

秦始皇陵是中国古代劳动人民智慧和汗水的结晶，它的发掘为研究我国古代的军事、服装、生活、建筑等提供了丰富的资料。

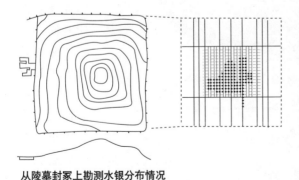

从陵墓封冢上勘测水银分布情况

史书记载，秦始皇陵墓中放进大量的水银，用以象征江河。近年科学探测发现，骊山陵园的强汞范围达12000平方米。更令人难以置信的是，如果按汞的厚度10厘米计算，陵墓内就储藏有100吨汞。

秦始皇陵的工程主持者

秦始皇陵工程浩大，这项工程的最高督造者为丞相。丞相对整个工程管理负责，下有中央一些官署直接参与组织施工。工程开始之初，第一位主持者是吕不韦，后来李斯升任丞相，正式主持这项工作。李斯所起的作用无疑是最重要的。

提花机的发明
与汉代的纺织技术

Ti Hua Ji De Fa Ming

美丽的绮罗，柔软的绡纱，丰富多彩的花纹，这些古老美观的纺织品，都是由纺织机织出来的。

我国早期简单的纺织机械有纺车和布机。纺车用来纺纱，布机用来织造一般布帛。我国汉代的纺车是由一个大绳轮和一根插置纺锭的铤子组成。轻轻摇动绳轮，铤子就被迅速转动起来，既可加捻或合绞纱料，又能随即把加捻或合绞的纱料绕在纺锭上。这种纺车跟后世纺车已基本相同。布机是由经轴、卷布轴、马头（提综杆）、蹑（脚踏木）和综框等主要部件加上一个适于操作的机台组成。脚踏蹑来提沉马头和综框，经纱上下交换梭口，进而投梭引纬、再打纬。布机的作用，提高了织布的速度和质量。

这些简单机械只能织平纹的织物，要想织造有复杂花纹图案的织物，就需要在织机上加一个提花装置，提花机因此就被发明出来。

我国是世界上最早发明提花机的国家。在数千年浩瀚的历史长河中，我国发明的各式提花机一直遥

素纱禅衣
马王堆一号汉墓出土
这件薄如蝉翼的素纱蝉衣，总重量仅49克，其衣长128厘米，袖长190厘米，袖号、袖头均用绢镶。

豁丝木

综线

卷布帛轴

织成的布帛

梭口

踏板

脚踏纺织机复原图

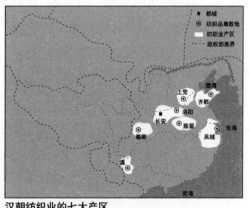

■ 都城
◎ 纺织品集散地
□ 纺织业产区
---- 政权部族界

上党
渤海
齐郡
洛阳
长安
陈留
蜀郡
吴越
东海
滇
南海

汉朝纺织业的七大产区

遥领先，早在3000多年前的商代就有了提花设备。到了汉代，提花机型趋于成熟，性能更加完备，应用也更为广泛。在《西京杂记》中有这样的记载，西汉宣帝时，巨鹿（今河北省巨鹿县）陈宝光之妻发明了一种新提花机，用120蹑，60天就能够织成一匹散花绫，"匹值万钱"。这种提花机用多蹑多综来提沉经纱，能织造出花纹各异的织品。

汉代的提花机已经是具有机身和织造系统的联合装置，各种主要部件已具备，完全可以织造出任何复杂变化的纹样来。汉代王逸在《机妇赋》中这样描绘提花机："狡兔耳伏，若安若危。猛犬相守，窜身匿蹄。高楼双峙，下临清池。"形象而生动地描绘了提花机织造的全过程。

上述所提及的纺织机械，在当时是世界上最先进的机具。欧洲直到7世纪才从中亚、西亚辗转得到中国提花机，到了13世纪才在织机上安装蹑。

中国的提花机对欧洲的提花技术发展产生了极其深远的影响。

汉代提花机的使用和改进，反映了我国汉代纺织技术已经达到了很高的水平。

在汉代，我国的纺织业非常繁荣。仅汉武帝元封元年（前110年）一年，朝廷从民间征集而来的帛就达到500万匹。在这种大环境下，妇女积极投入纺织行业生产之中，她们的聪明才智得到极大的发挥。纺织技术也不断得到提高。

在湖南省长沙市马王堆汉墓出土的大量纺织品，从一个侧面反映了汉代的纺织技术水平。

在马王堆一号汉墓中，出土了高级成衣50余件，单幅丝织品46卷，还有各种绣枕、巾、袜、香囊等等，种类繁多，精美绝伦。其中有一种平常织物——绢，其经线密度在80～100根之间，最密的情况下达到164根，纬线的密度是经线的1/2～2/3。这组数据表明当时已有了很先进的织机。

马王堆汉墓中也出土了不少素色提花的绮和罗，以及各色的锦。花纹图案相当丰富，有菱纹、矩纹、对鸟纹、杯形纹、孔雀纹、茱萸纹、花卉纹等等，配色自然而得体。可见当时的纺织技术是非常高超的。

汉代纺织品概况

织品	性质	用途
绢	较为细薄的平纹织物	衣物、绣地
绨	组织与绢相同，但更厚实	麻鞋面
纱	平纹	杂品
罗	绞经网状织物	绣地
绮	利用组织变化在平纹上起斜纹花的织物	袖缘
锦	平纹地经线提花织物	衣物的面和缘
绦	纬线提花，也有针织	装饰衣物
组	只用经线路交叉编织的带状织物	带饰或衣衾

《周髀算经》
与《九章算术》
Zhou Bi Suan Jing

《周髀算经》书影

人们在谈论汉代数学的时候，不能不谈到《周髀算经》。"髀者表也"，"髀"就是"表"，周人用垂立地面 8 尺高的木杆（"表"）来观测日影，所以叫"周髀"，"算经"则是唐朝人后来加上去的。

《周髀算经》里除了数学知识，还包括一些天文学方面的知识，主要是汉代主张"盖天说"一派的代表理论。现传本的《周髀算经》大约成书于公元前 1 世纪。

《周髀算经》总体可分为两大部分。前一部分内容比较少，内容假托周公向臣子商高学习数学知识时与商高的对话。这一部分主要讲解了著名的勾股定理和地面上的勾股测面。后一部分内容较多，主要假托为荣方向陈子请教，讲解了"盖天说"理论，表现在数学方面，则是利用勾股定理进行测量天体的计算，还有复杂的分数计算等。

其中勾股定理在西方叫做"毕达哥拉斯定理"，《周髀算经》比它早 500 多年就提了出来。

尽管从严格意义上来讲，《周髀算经》还不能算得上一本数学方面的专业著作，但是它对勾股定理的描述和运用，以及复杂分数的计算，在数学史上具有划时代的意义。

在春秋战国的发展基础上，数学到汉代结出了果实，出现了我国古代最早的一批数学方面的专著。《汉书·艺文志》中著录有两部：《许商算术》（26 卷）和《杜忠算术》（16 卷）。只是很可惜，这两部书已经失传了。《九章算术》可算得上是现传本古算书中保存最完整最古老的数学著作。

《九章算术》非一人一时之作，而是经过很多人的修改和补充，逐渐完善起来的。它是人们对春秋战国到西汉中期数百年间社会实践中积累的数学成果的概括和总结，是广大人民集体智慧的结晶。现传本《九章算术》成书于东汉初年（1

《九章算术》内容

(1) 第一章　方田。关于田亩面积的计算，共有 38 个问题。

(2) 第二章　粟米。讲比例问题，按比例互相交换各种谷物的问题，共有 46 个问题。

(3) 第三章　衰分。讲依等级分配物资或按等级摊派税收的比例配分问题，共有 20 个问题。

(4) 第四章　少广。讲开平方和开立方的方法，共有 24 个问题。

(5) 第五章　商功。关于各种体积的计算，共有 28 个问题

(6) 第六章　均输。讲正比例、反比例、复比例、连比例等比较复杂的比例配分问题。

(7) 第七章　盈不足。讲双设法，共有 20 个问题。

(8) 第八章　方程。讲一次联立方程问题，共有 18 个问题。

(9) 第九章　勾股。利用勾股定理测量计算"高、深、广、远"等问题，共有 24 个问题。

世纪)。

　　九章，就是九数，指早期科目中将数学分为 9 个细目。

　　《九章算术》从各类问题中，有代表性地选取了 246 个，按照解题方法和运用范围分成 9 个大类，有时举出一个或几个问题，然后叙述解决问题的方法；有时开始先叙述一种解法，然后再列举例题。方式多样，注重理论联系实际，易于被人们接受。

　　《九章算术》的内容丰富，成就辉煌，它几乎包括了现代小学算术的大部分内容以及中学数学的相当一部分内容。它涉及初等代数和几何中相当多的内容，形成了风格独特的完整数学体系。《九章算术》所凸显的十进位制解决问题方法以及在当时世界堪称先进的筹算算法对西方数学影响深远。

刻有数码的商代甲骨

　　《九章算术》从出现开始一直就是人们学习数学的教科书。16 世纪以前的中国数学方面的著作，大都沿袭其体例不变。后世数学家从中汲取营养，不断发展创新，推动中国古代数学不断向前发展。

　　作为举世公认的古典数学名著，《九章算术》在世界数学史上也占有极其重要的地位，在隋唐之际就已流传到朝鲜和日本，并成为其数学教科书。

　　《周髀算经》和《九章算术》代表了汉代中国数学的最高成就，凝集了中国古代人民的杰出智慧，对后世影响深远。

赵过创

代田法

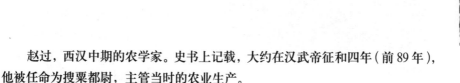

赵过，西汉中期的农学家。史书上记载，大约在汉武帝征和四年（前89年），他被任命为搜粟都尉，主管当时的农业生产。

赵过为了使农业适应保墒抗旱耕作的需要，发明了代田法，并逐步推广。而且他还发明了耦犁和耧车，为实现代田法服务。

代田法是由畎亩法发展起来的，它的优点在于能够很有效地起到抗旱保墒的作用。

代田法在技术上有以下三方面特点：其一，沟垄相间。种子是播种在沟中的，等到苗出以后，再结合中耕除草来垄土壅苗。这种做法的好处就是防风抗倒伏和保墒抗旱。其二，沟垄互换。沟垄位置逐年互换，实现了土地轮番利用与休闲。其三，耕耨结合。每年开沟起垄，耕耨结合。

随着代田法的逐步推广，农田的单位面积产量得到提高。史称"用

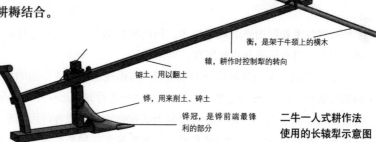

衡，是架于牛颈上的横木

辕，耕作时控制犁的转向

锄土，用以翻土

铧，用来削土、碎土

铧冠，是铧前端最锋利的部分

二牛一人式耕作法使用的长辕犁示意图

汉代铁农具的发展和牛耕的普及

在出土的西汉中期以后的铁农具中，犁铧比例明显增加。陕西关中是汉代犁铧出土的集中地区，而且几乎全是铁铧。西汉中期以后，铁犁数量增多，式样也丰富起来。既有向一边翻土的菱形、瓦形以及方形缺甬壁，也有向两侧翻土的马鞍形壁。随着代田法的推广使用，耦犁的使用提高了生产效率，牛耕开始在黄河流域普及，铁犁牛耕在农业生产中的主导地位真正确立起来。

①开沟作垄

②逐次培壅

③土地轮番使用

赵过代田法

代田法是一种适合北方地区自然条件的轮耕技术。在一亩田中，纵向分为三道圳和三道垄，垄各宽1尺。将粮种在此中。苗长高时，不断垄土培固根部，使株苗耐风旱、抗倒伏。第二年，圳、垄换位，以调节土质肥力。赵过推广代田法的同时，也推行二牛三人耕作法，使之配合耕种。亩产量达到10石，比采用一般耕作方法的收获增加1倍以上。

力少而得谷多"。赵过对汉代的农业贡献颇大。

从赵过的代田法，我们可以看到秦汉时期农业的主攻方向是抗旱保墒。为了实现这个目的，汉代不仅推广使用代田法，而且也使用区田法，都取得了很不错的效果。

在北方的旱地耕作时，人们从以下四个方面来防旱保墒。一、适时耕作。春耕的适时期在春初解冻之后，夏耕的适时期则在夏至时，而秋耕的适时期是在秋分时候。二、及时耱压。耕起的大土块要及时耱碎，不然就会跑墒，引起干旱。三、因时耕作和因土耕作。根据不同的封土壤性质，确定适宜的耕作时期和方法，才能达到除草、肥田以及保墒抗旱的目的。四、积雪保墒。在冬麦田多积雪来保墒，不仅可以抗旱，而且可以防虫害。

南方在水稻栽培方面，采用了水稻移栽技术和稻田水温调节技术。稻田水温调节技术主要是针对水稻不同生长期通过调节水温来促进其生长发育。

秦汉时期，人们在农作物的栽培管理方面也总结出了丰富的经验，越来越认识到适时播种的重要性。《氾胜之书》中记载"种麦得时，无不善"，"早种则虫而有节，晚种则穗小而少实"，并且能够根据历法和物候，参照各种因素来确定播种期，非常科学。在农作物的播种密度方面，主要是参考其种类和地力高下。对禾，"美田欲稠，薄田欲稀"；对于大、小麦和水稻，则"美田欲稀，薄田欲稠"，非常合理。在田间管理上，中耕引起相当重视，既达除草之效，又能间苗和保墒。

综上，我们不难看出，秦汉时期的农业伴随着一系列的技术进步得到了快速的发展，并且人们在生产实践中积累了丰富的经验。尤其是汉中期以后，随着铁犁牛耕的普及，我国古代农业取得了阶段性的突破，农业生产力获得长足发展。

汉代的宇宙观

Han Dai De Yu Zhou Guan

宇宙理论在汉代取得了巨大的发展，汉代的科技工作者在继承和发展前人理论成果方面有了很大的突破，形成了比较成熟的基本理论框架，对未来科学的发展产生了决定性的影响。

在天地起源与演化思想方面，汉代在吸收先秦诸子合理内核的基础上，有了更深入的专门论述。西汉早期，刘安在《淮南子》的"天文训"篇中认为天地产生于混沌的原始状态，然后经历大昭、虚郭、宇宙、元气等阶段，元气生天地，天地交合生万物。他的学说基本上继承了老庄的天地起源学说，但也有所发展。到了东汉中期，张衡在《灵宪》中论述了宇宙演化是分阶段的，有层次的。他所阐述的发生变化方式有渐变也有突变，变化原因缘自事物内部，具有科学性。张衡还提出了三阶段论，即：首先是一个虚无幽静、无边无象的空旷空间；然后是从无到有的突变，并产生无形无象、混沌状态的元气；最后一个阶段是从无形到有形，无序到有序，由于某些作用，逐渐形成了天地和万物。

在天地大型结构学说方面，出现了比较成熟、系统的三大学说，即盖天说、浑天说和宣夜说。

第一套学说是盖天说。《周髀算经》是盖天说的代表作。汉代的盖天说对先秦时代周髀家盖天说作了重大改进，并赋予新盖天说以数学化的形式，有利于人们理解和接受。盖天说认为天像一个大锅，拱形的天罩着拱形的地，天在上，地在下。日月星辰每天都要绕着北极的一个叫"天中"的点自东向西旋转，"天中"对应到地面拱形上的一点叫做"极下"，"天中"与"极下"的距离，即天与地的距离为 8 万里，而人们住的地方离极下相距 3 ~ 10 万里。太阳每年都以 7 个不同的同心圆在天盖上运动，

汉代纬书中的地动思想

汉代天地结构学说中，地静学说一直占据着主导地位，但是在一些纬书中也出现了地动说。《尚书·考灵曜》就提到地在按顺时针运行，称之为四游。它指出："地恒动不止而人不知，譬如人在大舟中闭目而坐，舟行而人不觉也。"换言之，不能因为人感觉不到地在动，就否认地在动的事实。

称为"七衡"。最内一道叫内衡，是夏至太阳所走的路径，最短。因为"七衡"有6个间隔，所以又叫做"七衡六间图"。太阳光所能照及的范围是 7 ~ 16 万里。用这一理论能解释白昼现象以及四季变化，即太阳进入可见范围之内，就是白天；反之，就是黑夜。在不同运行轨道，对应不同的季节。

第二套学说是浑天说。东汉的张衡是浑天说的集大成者，他撰《浑天仪注》，认为天地就像一只鸡蛋，其中天是蛋壳，地则是被包在里面的蛋黄。这里所说的地球形状仍然是平面向上的半球形，而不是一个完整的球体。天地绕地轴自转，两个天极间的圈就是天赤道，与之相交 24 度是黄道。太阳沿着黄道运行。北天际附近有小圈叫恒显圈，圈内星辰永不沉于地下，全年可见；南天际附近有小圈叫恒隐圈，圈内星辰永沉地下，全年不见。为了阐述天地结构的稳定性，张衡构想了"天地表里有水"，让星辰晚上沉入水中，这是一大败笔。浑天说从总体来说，比盖天说前进了一步，能十分明显地解释一系列天文现象，有颇多可取之处。

第三套学说是宣夜说。郗萌作了很好的陈述，他说："天了无质，仰而瞻之，高远无极"。郗萌认为天是无边无际的，不是什么拱形或蛋壳之类的东西。他还认为日月星辰等天体是靠气而悬浮在宇宙间，这对于宇宙认识意义重大。比之浮于水中或是被托着之类，前进了一大步。宣夜说的最大不足就是没有对天体运动规则作具体论述，而是长久停留在思想领域，以至于最后变成一种玄学，脱离了科学的轨道。

综上，汉代的宇宙观比之先秦有了很大的发展，形成了比较专门而又系统的理论框架，并对后世科学发展产生了深远的影响。

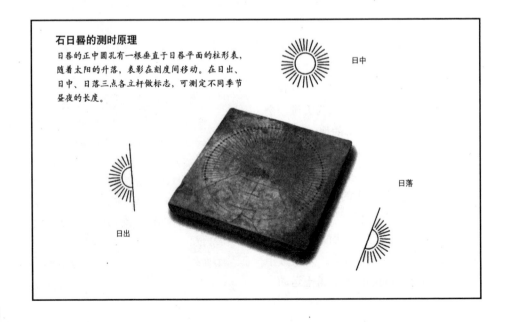

石日晷的测时原理
日晷的正中圆孔有一根垂直于日晷平面的柱形表，随着太阳的升落，表影在刻度间移动。在日出、日中、日落三点各立杆做标志，可测定不同季节昼夜的长度。

日中

日落

日出

王充著
《论衡》
Wang chong zhu lun heng

西汉末年，谶纬之学盛行，不仅使今文经学走向恶性发展，而且也渗透进科学技术领域，危害甚大。

所谓谶，就是巫师和方士杜撰出的谜语式的预言或启示，用来作为凶吉的符验或是征兆；而纬则是解经家们在经的章句以外胡乱附会出的一套说法。谶纬之学，是封建迷信与世俗庸化的合流。它在一定程度上阻碍了科学技术向健康方向的发展，因此遭到了一批正直学术思想家们的坚决反对。

王充像

在反对谶纬思想的过程中，东汉早期卓越的思想家王充所做贡献最为巨大，对后世影响也颇为深远。

王充继承并发展了司马迁、扬雄、桓谭等先行者的叛逆精神，在哲学问题上勇于跳出经学的圈子，用唯物主义的思想有力抨击了谶纬的虚妄，大胆批判了经学的唯心主义体系，其成就斐然。

王充(27～97年)，字仲任，浙江上虞人，是东汉前期杰出的唯物主义思想家和文学理论家。他原籍魏郡元城(今河北大名)，因祖先立功被封官而迁居到会稽，后再迁上虞。

王充出身于农民家庭，但他自幼聪颖好学，品学兼优；15岁的时候，他到京师洛阳的太学深造，并拜当时著名的儒学大师班彪为师。在求学的过程中，他饱读经书，并以怀疑、批判的态度对待已有的规则，在这一点上，他站到了同时代读书人的前列。

王充离开洛阳后，做过州郡佐吏，但因为人刚直不阿、得罪权贵，被罢职回家。回到故乡，王充一边教书，一边著书立说。他一生共写过4部书：痛恨俗情而写《讥俗》、《节义》；忧心朝政而写《政务》；反谶纬而写《论衡》；晚年写《养性》。除了《论衡》，其他3本均已失传。

《论衡》历时30年而成，今存85篇，其中《招致》一卷，有录无书，所以实存84篇，共计20多万字。它是我国古代思想史上一部具有划时代意义的著作，也是我国古代科

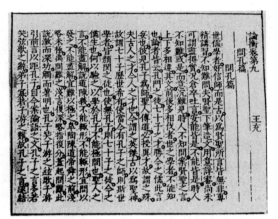

王充的《论衡》书影

《论衡》的主要观念

1. 以自然元气说，否定神学、天命。
2. 以自然元道观为基础，批判谶纬之
   学、天人感应等。
3. 以命定说讨论人性和社会哲学。

《论衡》的主要内容

1. 揭穿荒诞的迷信，排斥鬼神和禁忌。
2. 反对盲目地崇拜，批评夸张的记载。
3. 开厚古薄今之风，宣汉朝之德。

学史上极其重要的典籍。

《论衡》的主要思想就是"疾虚妄"。王充曾说过："伤伪书俗文，多不诚实，故为《论衡》之书"，"是故《论衡》之造也，起众书并失实，虚妄之言胜真美也。"他反对"虚妄"的东西，利用广博的科学知识和逻辑推理，大胆指出典籍中非科学的谬误。为此，他敢于向儒家权威和经典发难。他坚持科学的立场，对盛行的谶纬之学和天人感应说进行了猛烈的批判。

《论衡》主张元气自然说，强调了物是自然发生，而非天意，否定了天有意志的正统观点。旗帜鲜明地反对神学，坚持唯物主义的科学立场。

《论衡》在具体分析客观现象时，运用科学的分析和逻辑论述，把无神论思想和朴素辩证法提升到了新的高度。王充对鬼神之说进行了有力的反驳。他指出："人之所以生，精气也，死而精气灭。能为精气者，血脉也，人死血脉竭，竭而精气灭"，"形体朽，朽而成灰，何用为鬼？"这简直就是对人们迷信鬼神的辛辣反问。这种唯物主义见解，在当时是石破天惊的。

《论衡》对云雨的产生机制、雷电以及潮汐等自然界的客观现象都做了合乎科学的可贵见解，否定了自然现象与神力迷信的联系。王充以科学知识为重要武器，坚持唯物主义思想，矛头直指谶纬之学、天人感应等传统迷信，同当时盛行的正统思想进行了不屈不挠的较量，影响十分深远。

《论衡》是唯物主义思想同谶纬之学、天人感应等神学思想坚决斗争的产物，它的诞生反映出人们坚持科学、探索自然的强大呼声，适应了历史潮流的发展，并为后世科技的健康发展提供了有力的思想武器。

文明的曙光
蔡伦的造纸术
Cai Lun De Zao Zhi Shu

蔡伦像
蔡伦，湖南人。他在改进造纸术上做出了巨大的贡献。

谈到中国的造纸术，就不能不说到蔡伦。他在造纸技术的发明和发展上的卓越贡献将彪炳史册，万古流芳。

蔡伦，字敬仲，桂阳人，是东汉时期杰出的科学家。

蔡伦从东汉明帝刘庄末年开始在宫禁做事。汉和帝刘肇登基之后，他很快成了和帝最宠信的太监之一，负责传达诏令，掌管文书，并参与军政机密大事。

史载蔡伦非常有才学，为人敦厚正直，曾多次直谏皇帝。因为其杰出才干，他被授尚方令之职，负责皇宫用刀、剑等器械的制造。在他的监督之下，这些器械都制造得十分精良，后世纷纷仿效。

在做尚方令期间，蔡伦系统总结了西汉以来造纸方面的经验，并进行了卓有成效的试验和革新。在原料的利用方面，他不仅变废为宝，大胆取用"麻头及敝布、渔网"等废品为原料，而且独辟蹊径，开创利用树皮的新途径。此举使造纸技术从偏狭之处挣脱出来，大大拓宽了原料来源，降低了造纸的成本，使纸的普及应用成为可能。更值得一提的是，他用草木灰或石灰水对原料进行浸沤和蒸煮的方法，既加快了麻纤维的离解速度，又使其离解得更细更散，大大提高了生产效率和纸张的质量。这也是造纸术的一项重大技术革新。

元兴元年（105年），蔡伦将自造的纸呈给汉和帝，受到大力赞赏，朝野震动。人们纷纷仿制，"天下咸称'蔡侯纸'"。

安帝年间（114年），和帝的皇后邓太后因蔡伦久侍宫中，做事勤恳且颇有成绩，封他为龙亭侯。

后来蔡伦被卷入一起宫廷事件。起因是窦后（汉章帝刘旭后）让他诬陷安帝祖母宋贵人。等到安帝亲政，着手调查这件事情，让蔡伦自己到廷尉处接受惩罚。蔡伦觉得很受屈辱，就自杀了。

蔡伦虽然死了，但是他对造纸技术的贡献将永存史册。蔡侯纸的出现，标志着纸张取代竹帛成为文字主要载体时代的到来。廉价高质量的纸张，有力地促进了知识、思想的大范围传播，使古代大量文字信息得以保存，促进了人类文明的进步。

在造纸术没有发明以前，我国古代使用龟甲、兽骨、金石、竹简、木牍、缣帛作为书写材料。龟甲、兽骨、金石对书写工具要求很高，需要刻。简牍呢，笨重不便，而且翻阅起来中间串的绳很容易断裂，造成顺序混乱。缣帛虽轻便，可是价格十分昂贵，一般人消费不起。纸的发明，满足了人们对轻便廉价书写材料的迫切需求，引发了书写材料的一场空前的革命。

造纸术一经发明，就被人们广泛使用。在以后的朝代里，人们对造纸术进行不断的改良和提高，工艺越来越先进，纸的质量也越来越高，品种也越来越丰富。造纸的主要原料也从破布和树皮发展到麻、柯皮、桑皮、藤纤维、稻草、竹以及蔗渣等等。

我国发明的造纸术，对世界文明影响深远。造纸术大约在 7 世纪初传入

造纸流程示意图

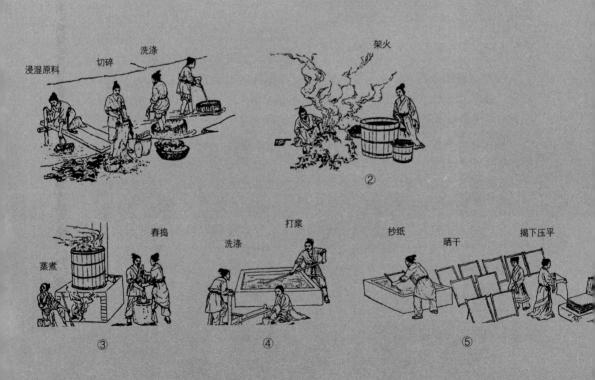

东汉时期旱滩坡带字纸

从公元前2世纪到18世纪初，中国造纸术一直居于世界先进水平。中国古代在造纸技术、设备、加工等方面为世界各国提供了一套完整的工艺体系。现代机器造纸工业的各个主要环节都能从中国古代造纸术中找到最初的发展形式。

扫码获取更多资源

蔡伦造纸的方法

(1) 把树皮、麻头、破布等原料用水浸，切碎。

(2) 用草木灰水蒸煮，再经清水洗涤，去掉杂质。

(3) 用石臼将原料舂碎，配成浆液，放在槽里。

(4) 用抄纸器将纸浆捞起，漏去水分，晾干压平。

上述造纸方法已具备了原料处理、制浆、澄浆、抄纸、烘干等主要工序，为我国造纸业的发展奠定了基础。

朝鲜，隋时传入日本。8世纪，唐朝工匠将造纸术传入阿拉伯，在撒马尔罕办起造纸厂。此后又传入巴格达。10世纪传入大马士革、开罗，11世纪传入摩洛哥，13世纪传入印度，14世纪传入意大利，然后传到德国和英国，16世纪传入俄国和荷兰，17世纪传入美国，19世纪传入加拿大。

潘吉星在《造纸术的发明和发展》一文中这样总结道："我国古代在造纸技术、设备、加工等方面为世界各国提供了一套完整的工艺体系。现代机器造纸工业的各个主要技术环节，都能从我国古代造纸术中找到最初的发展形式。世界各国沿用我国传统方法造纸有1000年以上的历史。"

从上述论述中，我们不难看出，我国的造纸术在公元前2世纪到18世纪的2000多年里，一直处于世界领先水平。

与哥白尼、伽利略齐名的张衡

Zhang Heng

张衡像

在距今1700多年前，中国杰出的天文学家张衡发明了测定地震方位的仪器，这无疑是一项伟大的创举。张衡在洛阳制造出的外形似酒樽的候风地动仪，是世界上第一台地震仪。"候风"据考应是测候之意，与地动相连，实指测震的功能。候风地动仪未能保存下来，据史学家推测遗失于战乱。候风地动仪的原理实质上是惯性运动定律。西方直到17世纪，惯性运动定律才被牛顿发现。

在世界自然科学史上，中国有一位国际上公认的能与哥白尼和伽利略齐名的科学家，他的名字叫张衡。

张衡，是世界十大文化名人之一。他多才多艺，是我国古代伟大的科学家、发明家、文学家、史学家和画家。他的才能世所公认。

张衡 (78～139年)，字平子，河南省南阳石桥镇人，出生于一个官僚家庭。他的祖父张堪曾做过多年的太守，但为官清廉，没有什么财产留下，再加上他父亲早死，所以家境比较清贫。

张衡从小就天资聪敏，好学深思。他不仅熟读儒家经典，而且还花了很多时间去读司马相如和扬雄等人的赋，表现出对文学的强烈兴趣。

青年时代的张衡，已经不再满足于闭门读书，他渴望游历，多接触实际，从而开阔眼界，增长见识。94年，16岁的张衡远游三辅。他在游览名山大川的时候，不忘考察古迹，采访民情，调查市井交通等等。此行不仅大大增长了见识，而且为他后来创作《二京赋》积累了大量的素材。

离开三辅，张衡来到京都洛阳。在洛阳求学的五六年里，张衡结识了一批青年才俊，如经学大师马融、政论家王符以及科学家崔瑗等。在此期间，张衡写了《定情赋》、《七辩》等文学作品，名噪一时。随后，他接受南阳太守鲍德的邀请，担任掌管文书的主簿官。

在工作闲暇之余，张衡创作了著名的《二京赋》，轰动一时。任职9年后，张衡回到家中，开始研读扬雄的《太玄经》。这是一部研究宇宙现象的哲学著作。通过研究《太玄经》，张衡的兴趣从文学创作转向宇宙哲学的探索，经过不懈努力，他最终在天文历算方面取得了巨大的成就。

111年，张衡被征召做了郎中，后来又做过太史令。张衡为人耿直，升迁很慢。他曾两次出任太史令，先后长达14年之久。太史令的工作，让张衡在天文历算方面做出了杰出的贡献。

后来，张衡因弹劾奸佞不成，被迫到河间任太守。在职期间，他打击豪强，颇有作为。138年，张衡被调回京师，出任尚书。此时东汉政权已越来越腐败，张衡感觉回天乏力，于139年，在悲愤与绝望中死去。

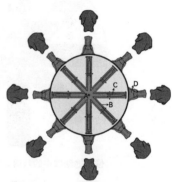

候风地动仪内部结构示意图（俯视）

地动仪模型
地动仪由青铜铸成，直径8尺，形状像一个酒樽。里面设计精巧，主要有竖立在仪体正中的"都柱"和"都柱"周围同仪体连接的"八道"，它们分别处于东、西、南、北、东南、东北、西南、西北等8个方向上。外面相应设置8条口含钢球的龙，下面对应8只张口向上的蟾蜍。一旦发生地震，触动机关，钢珠即落入蟾蜍口中发出声响。人们就可以知道地震的时间和方位了。

候风地动仪工作原理示意图

候风地动仪中的八道结构平面示意图

都柱倒入八道的立体示意图

　　张衡最杰出的成就主要在天文方面。他留下了两部天文名著《灵宪》和《浑天仪图注》，里面记载了他在历法、天文仪器和宇宙理论等诸多方面的研究发明。他还亲自创制了著名的浑天仪和地动仪。

　　张衡对于地震的观测和研究，使他成为世界科技史上制作并利用仪器来观测和记录地震第一人。138年，他制造的候风地动仪曾准确测出远在甘肃临洮一带发生的一次地震，使朝野"皆服其妙"。

　　张衡在实际的天文观测中，还做了许多卓有成效的工作。如在恒星的观测方面，他区分和命名了444个星官、2500颗恒星。

　　张衡还制造了许多奇巧的器物，如候风仪、指南车和能在空中飞的木鸟等等，可惜都已经失传了。他还计算出圆周率是3.1622，虽然现在看来不准确，但在当时还是十分精确的。

　　张衡以及他的天文学成就，谱写了东汉科学史绚烂的华章，也构筑了我国古代天文学史上一座熠熠生辉的丰碑。

人工呼吸第一人
医圣张仲景
Yi Sheng Zhang Zhong Jing

张仲景像
张仲景，东汉著名医学家。他在中医临床治疗和病理学理方面成绩非常突出。为中医的发展做出了巨大贡献。

张仲景，名机，约生于150年，卒于219年，东汉南阳郡涅阳（今河南南阳）人，是东汉末年著名的医学家，被后人尊称为"医圣"。

史载张仲景自幼聪颖好学，喜欢研究岐黄之学，对名医扁鹊很是推崇，并以其为榜样。他拜同乡著名中医张伯祖为师，因其刻苦，很快便尽得真传。

汉灵帝时，张仲景被举为孝廉，继而出任长沙太守。他虽居要职，却淡泊名利，不屑于追逐权势。他心里所关心的是百姓的疾苦。传说他为太守之时，每逢初一、十五停办公事，亲自到大堂之上为百姓诊病，号称为"坐堂"。至今药店仍称作"堂"，应诊医生被称为"坐堂医生"。

东汉末年，战乱频繁，瘟疫横行，民不聊生。张仲景虽然也在居官之暇行医，但是所救治之人毕竟有限。他在做官与行医的利弊权衡之间犹豫不决。这时，南阳病疫流行，他的家族在10年之内，竟死去2/3。面对这种打击，张仲景决定辞官行医，悬壶济世。

张仲景在行医过程中，不仅潜心学习汉代以前的医学精华，而且虚心向同时代的名医学习，博采众家之长。他向王神仙求医的传说在民间广为流传。

张仲景听说当时襄阳有个很有名的王姓外科医生，治疗疮痈很有一套，人称"王神仙"。于是就整装出发，为了学到本领，他隐姓化名，自愿给"王神仙"做药店伙计。他的勤奋聪明很快就取得了王神仙的欣赏和信任。有一次，"王神仙"给一个患急病的病人看病，所配的药方里有一味药剂量不够。张仲景觉得有问题，但还是照方抓药。结果，病人病情加重，"王神仙"束手无策。张仲景挺身而出，自告奋勇一展身手，果然手到病除。"王神仙"很吃惊地看着眼前这位年轻人，知道他大有来历，一问才知他是河南名医。"王神仙"深受感动，遂将其技艺倾囊相授。

张仲景"勤求古训，博采众方"，凝聚毕生心血，于3世纪初，著成《伤寒杂病论》16卷。原本在民间流传中佚失，后人搜集和整理成《伤寒论》和《金匮要略》两部书。

《伤寒杂病论》是中医四大经典之一，它系统总结了汉朝及其以前的医学理论和临床经验，是我国第一部临床治疗学的专著。

《伤寒论》是一部阐述多种外感疾病的著作，共有12卷，著论22篇，记述397条治法，载方113个，总计5万余字。《伤寒论》论述了人体感受风寒之邪而引起的一系列病理变化，并把病症分为太阳、阳明、少阳、太阴、厥阴、少阴等"六经"，进行辨证施治。

《金匮要略》是一部诊断和治疗各种疾病的书，共计25篇，载方262个。《金匮要略》以

银漏斗

银制的医疗器皿属于高级用具。这种配套使用的漏斗是在急救危重病人时，向鼻或喉部灌药时使用的。

青铜鎏金冷却盆

这是由三件器物组成的医疗冷却器。使用时将药液置于平底器皿内，放在三足器中。然后不停地用勺盛冷水由浇口注入三足器，而水由管状流排泄盘内。如此循环，使药液冷却，达到适合饮用的温度。

青铜医工盆

医工盆上刻有"医工"铭文。汉朝时医生的社会地位不高，被称为"医工"或"医匠"。

金医针

这是用于针灸疗法的医针。

脏腑脉络为纲，对各类杂病进行辨证施治。全书包括了40多种疾病的诊治。

在《伤寒杂病论》中，张仲景还创造了世界医学史上的三个第一，即：首次记载了人工呼吸、药物灌肠和胆道蛔虫治疗方法。

《伤寒杂病论》成书之后，成为中国历代医家研究中医理论和临床治疗的重要典籍，隋唐以后，更是远播海外，在世界医学界享有盛誉。从晋朝开始到现在，中外学者整理研究该书的专著超过1700余家，可见其影响之深远。

医圣张仲景以及他所创立的学术思想，已成为全人类的共同财富。他当之无愧受到万世千秋的景仰！

《伤寒论》、《金匮要略》书影
张仲景著《伤寒杂病论》，被后人整理成《伤寒论》和《金匮要略》两书行世。

《伤寒杂病论》失而复得的两个关键人物

一是晋朝太医令王叔和。当时世面上流传的都是断简残章。王叔和全力搜集各种抄本，并加以整理，命名为《伤寒论》。他不仅整理了医书，而且还留下了关于张仲景的文字记载。

二是宋仁宗时翰林学士王洙。他无意间在翰林院书库里发现了一本虫蛀的竹简，书名为《金匮玉函要略方论》，发现与《伤寒论》相似。后经名医林亿、孙奇等人校订，更名为《金匮要略》刊行于世。

神医华佗
与颅脑手术
Shen Yi Hua Tuo

华佗像

华佗，字元化，沛国谯（今安徽省亳州市）人。他与张仲景是同时代人，据考证，约生于汉永嘉元年(145年)，卒于建安十三年(208年)。华佗是东汉末一位著名的医学家，被后世尊为"外科鼻祖"。

用麻沸散施行腹腔外科手术

《后汉书·华佗传》："若疾发结于内，针药所不能及者，乃令先以酒服麻沸散，既醉无所觉，因刳破腹背，抽割积聚。若在肠胃，则断截湔洗，除去疾秽，既而缝合，敷以神膏，四五日创愈，一月之间皆平复。"

日本外科专家考证：麻沸散组成是曼陀罗花一升，生草乌、全当归、香白芷、川芎各四钱，炒南星一钱。

华氏家族本是望族，但到华佗时已经衰微了。幼年的华佗在攻读经史的时候，就很留心医药。他从古代名医济世救人的事迹中获得启发，树立了解救苍生苦难的理想。

在当时的社会里，读书人都以出仕做官为荣，可是华佗却选择了另一条道路，以医为业，替百姓看病，并且矢志不移。青年时期的华佗，看到的是外戚宦官专权、官场腐败。当时有很多人举荐华佗做官，都被他拒绝了。不为良相，便为良医；华佗决心终身为百姓行医。

华佗行医，并无师传。他主要是通过精研前代的医学典籍，在继承前人的基础之上，结合自己的实践总结，加以归纳，从而创立新的学说，自成一派。由于他天资聪颖，加上学习得法，理论联系实际，他的医术迅速提高，成为远近闻名的医学家。

中年的华佗，因中原动乱而"游学徐土"。他坚持深入民间，为百姓治病，足迹遍及当时的徐州、豫州、青州、兖州各地。根据他行医地名查考，大抵是以彭城为中心，东起甘陵（今山东临清）、盐渎（今江苏盐城），西达朝歌（今河南淇县），南至广陵（今江苏扬州），西南则到谯县（今安徽亳州），也就是在今天的江苏、河南、山东、安徽等广大地区。华佗学识渊博，医术高超，创造了许多医学奇迹，其中最突出的就是用麻沸散进行外科手术。

华佗的医术仁心，受到了广大人民的热爱和尊崇。他高超的医术常为人们所津津乐道。民间关于他的传说故事不胜枚举。像《三国演义》里关公刮骨疗伤，就是华佗做的手术。传说有一位郡守患病，百医无效。郡守的儿子找到华佗，对他详述病情，恳求施治。华佗到后看过，问病的时候，语气很不好，说话也很狂傲，索要的诊费非常高。这还不算，华佗压根就没有治病，临走的时候还留信大骂郡守白痴。郡守大怒，吐黑血，老毛病一下就好了。

经过数十年的医疗实践，华佗的医术已到了炉火纯青的地步。在临床诊治方面，他灵活运用养生、针灸、方药和手术等手段，辨证施治，疗效极好，被誉为"神医"。他精通内科、外科、妇科、小儿科和针灸科等，尤擅外科。

华佗的医名远播，使得曹操闻而相召。原来曹操患有头风病，找了很多医生都不见效。华佗只给他扎了一针，曹操头痛立止。曹操为了自己看病，强把华佗留在自己府里。但是华佗立志为民看病，不肯专门侍奉权贵，于是就请假回家。曹操催了几次，华佗都以妻病为由不去。曹操大怒，专门派人将他抓到许昌，仍请他治自己的头风病。华佗直言要剖开头颅，实施手术。曹操以为华佗要谋害自己，就把他关进牢中准备杀掉。有谋士进谏相劝，曹操不听，还是处死了华佗。华佗临死，将所著医书交给狱吏，希望可以救济百姓。狱吏胆小，怕担责任，不敢要。华佗无奈之下，一把火烧了医书。后来曹操爱子曹冲患病，百医无效，曹操才后悔杀了华佗。

华佗晚年著有《青囊经》、《枕中灸刺经》等多部著作，可惜都已失传。他发明了一套"五禽戏"来强身健体，还培养了许多弟子，其中广陵吴普、西安李当之和彭城樊阿都是有名的良医。

五禽戏
一套使全身肌肉和关节都能够得到舒展的医疗保健体操。模仿虎、鹿、熊、猿、鸟的动作姿态创作而成。华佗的学生吴普循此锻炼，活到 90 余岁，还"耳目聪明，齿牙完整"。

虎戏图　　　　鹿戏图　　　　熊戏图　　　　猿戏图　　　　鸟戏图

汉代的
冶炼技术
Han Dai De Ye Lian Ji Shu

齐铁官印封泥
这是齐国（汉朝的一个郡国）铁官使用的封泥，是验证产品的证明。凡是齐国官营冶铁业生产的产品，都要经过封缄，类似今天的火漆封。

西汉时期，铁器迅速取代了铜、木、石等器具，占据了农业和手工业生产中的主导地位。铁器优良的性能和功用，使它成为人们生活中不可或缺的工具。

伴随着社会对铁器需求的激增，汉代的冶铁业得到了空前发展。汉武帝时，朝廷采取了由国家统一经营冶铁业的政策，共在全国设立了49处铁官。冶铁业的官营对钢铁生产的发展起到了积极作用，它不仅推动了生产技术在较大范围内的交流和传播，而且集中了人力、物力和财力来从事钢铁生产。冶铁业的繁盛，直接带来了西汉中期以后铁器的迅速普及。

与冶铁业空前发展相应的是钢铁冶铸技术的巨大进步。在这一时期，有一系列的技术革新和进步。

首先，在采冶程序与工艺方面较之以前更趋完善。与之相关的，在炼炉、耐火材料、鼓风技术和熔剂方面都有很大的改进。汉代的冶炼工序已相当完备，包括选矿、配料、入炉、熔炼、出铁以及随后的热处理、锻造等步骤。整个过程从选矿到冶炼再到最终制出成品，环环相扣，协调合理。为满足不同工艺要求，冶炼炉也呈多样化，有炼铁炉、低温炒钢炉、退火炉、锻铁炉、熔化炉和窑炉等等。这些冶炼炉，上部用耐火砖垒砌，并抹拌草泥在炉壁之上，炉底垫耐火土。耐火砖种类多样，因炉而异。鼓风设备先进，鼓风动力有人力、畜力和水力。尤其是水力鼓风技术的发明，不仅提高了冶铁的效率，而且降低了生产成本。

其次，"炒钢技术"的发明，随之而来的百炼钢工艺的成熟，两者成为汉代冶炼技术发展的主要标志。炒钢技术，古代称作"炒铁"或"炒熟铁"。它以生铁作为原料，经过加热成为半熔融状态之后，通过鼓风、搅拌（"炒"）的工序，利用空气中的氧和铁矿粉里已有的氧，把生铁中的碳氧化掉。通过"炒钢"既可以炒成熟铁，然后再经过锻打渗碳成钢；也可以有控制地把生铁含碳量炼到某一指数，直接成钢。欧洲18世纪才出现炒的技术，比中国晚了1900多年。百炼钢，百，顾名思义，指反复锻炼的次数；百炼钢，就是以炒钢为原料，经过反复多次地加热锻打，达到既去除杂质，又渗入碳质，从而得到百炼钢的目的。汉代百炼钢工艺的成熟，使铁兵器完全取代铜兵器，铁制农具也得到更广泛的普及和运用。

其三，铸铁热处理技术获得长足发展。铸铁通过热处理，可以改变或影响铸铁的组织及性质，从而获得更高的强度与硬度，达到改善其磨耗抵抗力的目的。铸铁通过脱碳热处理后可以获得黑、白心可锻铸铁或铸铁脱碳钢件。黑心可锻铸铁多用于要求耐磨的农具等，白心可锻铸铁多用于耐冲击性高的手工工具。考古出土的汉代铁器中带放射状球状石墨的铸铁件，代表着我国古代铸铁热处理技术的杰出成就。

冶铜竖井遗址
图中是湖北大冶铜绿山十一号矿体。图上方的是平巷，用来运输，图中的木架结构是矿井支架，图下方形或圆形是竖井的井口。

最后，在金、银、铜、锡、铅、汞和锌7种有色金属的冶炼上，冶炼工艺有了较大的突破，生产规模也有所拓展。汉代已经能够很巧妙地制造出金粉和银粉来，湿法炼铜术也有所发展。汉代已大量生产铜，生产规模已趋扩大。

综上所述，在汉代我国的冶炼技术已经发展到比较成熟的阶段。钢铁冶炼的重大技术发明和突破，带来了铁器的大规模普及和推广。铁制农具广泛应用于农业生产，铁兵器被应用于军事，不仅增强了综合国力，而且也促进了社会生产力的大发展。

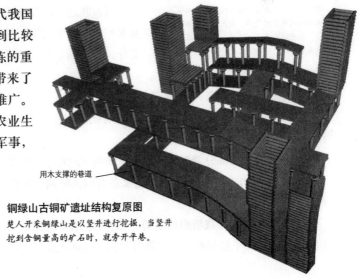

用木支撑的巷道

铜绿山古铜矿遗址结构复原图
楚人开采铜绿山是以竖井进行挖掘，当竖井挖到含铜量高的矿石时，就旁开平巷。

《氾胜之书》
汉代农书
Fan Sheng Zhi Shu

农夫正为插秧后的稻田进
行锄草薅秧

农夫在已经收割的稻田中松土，准备
再次插秧栽种

薅秧图

东汉初年，黄河流域首先发明水稻育秧栽培
技术，就是先培育水稻秧苗，再将秧苗栽到
稻田中。这样可以缩短水稻在大田的生长
期。这种技术在东汉末年，在长江以南的
广大地区迅速推广，并实现了一年春秋两熟
的稻田高产。这是一幅东汉时期的画像石，
描绘四川地区的夏季，农民在稻田耕作的情
景。此图证实了长江流域一年两熟育秧技术
的成熟。

《氾胜之书》是我国现存最早的农书。《汉书·艺文志》著录农书9种，除《氾胜之书》外，大都失传。

《氾胜之书》原名叫《氾胜之十八篇》（见《汉书·艺文志》农家类），《氾胜之书》一名最早见于《隋书·经籍志》，后来逐渐成为该书的通称。

《氾胜之书》的作者是氾胜之，山东省曹县人，汉成帝时做过仪郎。他曾被朝廷派到三辅地区管理农业生产，成绩卓著，关中地区农业获得丰收。因为劝农之功，他被提升为御史。他系统地总结了关中地区的种植技术和经验，发展了我国古代的农学，写成了《氾胜之书》。

《氾胜之书》在两宋之际亡佚，仅靠《齐民要术》、《太平御览》等书的引文，得以保留一部分。后人辑录的《氾胜之书》，其材料的主要来源就是贾思勰的《齐民要术》。

《氾胜之书》原来共有18篇，辑录在《汉书·艺文志》中的9种农家著作里，它的篇数仅次于《神农》（20篇）。现存的《氾胜之书》仅仅是原书的一部分，共计3700多字。

依据残存的这部分资料，我们可以知道《氾胜之书》总结了耕作栽培的总原则，介绍了13种作物的栽培技术。中间还夹杂有西汉时期的耕作技术，如区田法、溲种法、种瓜法等的介绍。

首先，关于耕作栽培的总原则，《氾胜之书》总结道："凡耕之本，在于趣时，和土，务粪泽，早锄早获"；"得时之和，适地之宜，田虽薄恶，收可亩10石。"

其中"趣时"就是要掌握天时，综合考虑，选择适宜的时机，它不仅体现在耕作之初，也反映在播种、施肥、灌溉和收获等后续各个环节之中。"和土"，就是要为作物的生长创造一个温度、水土等条件优良的土壤环境，要保持土质优良，适宜作物生长。"务粪泽"就是灌溉和施肥。《氾胜之书》把灌溉和施肥当作栽培的基本措施，尽力保证作物对水分的需要，防止水分流失。这也突出了《氾胜之书》的技术中心环节，即防旱保墒，也是汉代农业的主攻方向。"早锄"，作为传统农业中耕的一种形式，既消灭了田间的杂草，又切断了土壤表层的毛细管，从而减少了土壤水分的蒸发。"早获"就是及时而快速地收获。"趣时"、"和土"、"务粪"、"务泽"、"早锄"、"早获"这6个环节丰富而深刻地囊括了我国传统农学的精华。

其次，在具体作物的栽培上，《氾胜之书》分别介绍了禾、黍、麦、稻、稗、大豆、小豆、麻、瓜、瓠、芋、桑等13种农作物的栽培方法。对于农作物的耕作、播种、中耕、施肥、灌溉以及植物保护和收获等各个生产环节都有具体的描述。

最后，《氾胜之书》记载了比较有特色的耕作技术。区田法是一种少种多收、抗旱高产的综合性技术。其技术特点就是把庄稼播种在沟状或者窝状的小区里面，在这些区内采取深翻作区、等距点播、合理密植、集中施肥、及时灌溉等管理措施，使作物丰产。

耧车模型

耧车播种的时候，一牛前引，一人扶犁，一边开沟，一边下种。粮种自耧斗经耧足下播，同时完成开沟、下种和覆土三道工序。

连通耧足的耧斗，盛载粮种

木牛流马话机械
现代机器人的先声
Mu Niu Liu Ma

看过《三国演义》的人大概都知道诸葛亮为了解决山道运粮困难的问题，发明了木牛流马。它们不喝水，不吃食物，只需扭动一下机关，便能在山道上行走如飞，比现代的机器人还要好使。

木牛流马已经失传，虽然有尺寸设计，后世却不能组合复原成功；至少在功能上存在着差异。从木牛流马不难看出，我国古代机械发明的高超。

我国是世界上机械发展最早的国家之一。早在2.8万年前就发明了弓箭，这也是机械方面最早的一项发明。在公元前18000到公元前2800年期间出现了陶轮；公元前6000年到公元前5000年，出现了农具。这些都是较早的机械。

什么叫机械呢？在我国古代典籍中没有一个确定的定义。"机械"这个词最早见于《庄子》："有机械者必有机事，有机事者必有机心。机心存于胸中，则纯白不备。"机械在这里含有一些贬义。随着人类社会的进步，人们逐渐认识到机械对我们的生活所起的巨大作用，人们所使用的机械也越来越复杂，涉及的层面也越来越宽泛；想要给机械一个简明精确的定义，确实有点费周折。我们只能简单笼统地说，利用力学原理来实现某些任务的装置，叫做机械。

机械始于最简单的工具，像人类早期制造的石器，如石刀、石斧和石锤等。后来，随着社会的发展和科技的进步，工具的范围逐步扩大，种类越来越丰富。

我国古代的机械发明，五花八门，不一而足，涉及社会生产的各个行业、部门。举例而言，有缫车、纺车、织布机、提花机等纺织机械，有浑天仪、水运仪、地动仪

《三国演义》
造木牛法

方腹曲胫，一股四足，头入领中，舌着于腹，载多而行少，独行者数十里，群行者二十里，曲者为牛头，双者为牛脚，横者为牛领，转者为牛足，覆者为牛背，方者为牛腹，垂直为牛舌，曲者为牛肋，刻者为齿，立者为牛角，细者为牛鞅，摄者为牛仰双辕，人行六尺，牛行四步。每牛载十人所食一日之粮，人不大劳，牛不饮食也。

以及铜壶滴漏等天文观测和计时机械，有辘轳、翻车、筒车等提水机械，也有锄、犁、耧车等农业机械，还有指南车、计里鼓车以及各类车船

古希腊学者的五种简单机械理论

古希腊学者希罗提出五种简单机械理论，认为以下五种是最基本的简单机械，任何复杂机械都源于它们。这五种分别是：杠杆、斜面、滑轮、轮与轴、螺旋。

等交通机械，还有冶炼、锻造、加工等加工机械，更有弓、弩、发石机等军事机械。这些机械在社会生产中起着巨大的作用，反映了古代劳动人民的杰出智慧。

在三国两晋南北朝时期，由于战争的需要，机械发明在攻防器械、兵器以及造船等方面有了很大进步。

首先在攻防器械和兵器制造方面，有了很大程度的发展。这一时期，在攻守器具方面，有火车、发石车、虾蟆车、钩车等，还有飞楼、撞车、登城车、钩堞车、阶道车和火车等。攻防器械的制造，在战争中发挥了巨大的作用。在兵器方面，各种兵器的质量和数量都大大提高。在三国两晋时期，弩机趋向大型化。三国时，诸葛亮改进了连弩，"以铁为矢"，"一弩十矢俱发"，威力陡增。晋《舆服志》记载："中朝大弩卤簿，以神弩二十张夹道……刘裕击卢循，军中多万钧神弩，所至莫不摧折。"

在造船方面，这一时期技术也有了巨大的发展。晋在攻吴时，发明"连舫"，就是把许多小船组装成一艘大船。这一时期水上重要的运输工具是由两只单船构成的舫船。在必要时，舫船可以拆开。南北朝时，祖冲之造"千里船"。梁朝，侯景军中还出现160桨的高速快艇，是历史上桨数最多的快艇。

机械的发明创造，大大促进了文明的进步，推动了社会向前发展，已经深深地融入我们的生活之中。

计里鼓车模型

计里鼓车是晋朝创制的机械车辆，由二马并驾而行。每运行一里（500米），车上的木人就击鼓一槌，用以量度距离。

绳索

中平轮

足轮

计里鼓车的结构

计里鼓车是运用齿轮原理操作。足轮每行一百个圈，中平轮便转动一周，木人击鼓一槌。

连接车内齿轮的绳索

马钧发明
龙骨水车
Long Gu Che

灌溉农田的翻车图

三国时期，曹魏有一个叫马钧的人发明了龙骨水车；这是我国古代最先进的排灌工具，也是当时世界上最先进的生产工具之一。

龙骨水车，在当时叫翻车。东汉时期，有个叫毕岚的人做过"翻车"，但是它的用途只是用做道路洒水，跟后来的龙骨水车不同。马钧制造的"翻车"，就是专门用于农业排灌的龙骨水车。它的结构很精巧，可连续不断提水，效率大大提高，而且运转轻快省力，连儿童都可以操作。

由于马钧发明的龙骨水车具有巨大优点，故而一问世就受到普遍欢迎，并迅速推广普及，成为农业生产的主要工具之一，并沿用了1000多年。

通过龙骨水车的发明，我们知道马钧是一个多么了不起的人！他是这一时期伟大的机械发明家，他的发明革新对后世产生了深远的影响。后人称颂他"巧思绝世"。

马钧，字德衡，三国曹魏时扶风（今陕西兴平东南）人，曾任魏国博士。他非常喜欢研究机械，刻苦钻研，取得了机械制造方面的杰出成就。但是因为当时的统治集团对机械发明非常不重视，所以他一生都受到权势们的歧视，郁郁不得志。推崇马钧的傅玄这样感慨地说道，马钧，"天下之名巧也"，可与公输般、墨子以及张衡相比，但是公输般和墨子能见用于时，张衡和马钧一生未能发挥特长。

马钧在手工业、农业、军事等诸多方面都有革新和创造。

马钧改进了古代旧式织绫机，重新设计了新绫机。三国时的织绫机虽经简化，仍然是"五十综者五十蹑，六十综者六十蹑"，用脚踏动，非常笨拙，生产效率极其低下。马钧设计的新织绫机简化了踏具（蹑），改造了桄运动机件。将"五十蹑"，"六十蹑"都改成十二蹑，这样使新绫机操作简易方便，大大提高了生产效率。新织绫机的诞生是马钧最早的贡献，它大大促进了纺织业的发展。

在农业方面，马钧发明了龙骨水车，前面已经提到。

在军事方面，马钧改进了连弩和发石车。当时，诸葛亮改进的连弩一次可发数十箭，威力已很大。马钧在此基础上进行了再改进，威力又增加了5倍以上。马钧还在原来发石车的基础上，设计出了新式的攻城器械——轮转式发石车。它利用一个木轮，把石头挂在上面，通过轮子转动，连续不断地将石头发射出去，威力相当大。

马钧还制成了失传已久的指南车。指南车是一种辨别方向的工具。远古传说中，黄帝大战蚩尤之时，在雾气中迷失方向，于是制造指南车，辨明方向，打败了蚩尤。东汉时张衡制造过指南车，可惜失传了。马钧想把指南车重造出来，遭到了许多人的嘲笑和诘问。马钧苦心钻研，反复试验，终于运用差动齿轮的

翻车

翻车，也叫龙骨水车、踏车，是一种木制的提水灌溉器械。它的基本结构包括木槽、一条带有龙骨板叶的木链、大轮轴、小轮轴以及木架等。它的工作原理是，人扶在木架上，通过双脚踏踩来驱动轮轴旋转，从而带动木链板叶上移，将水提升起来。

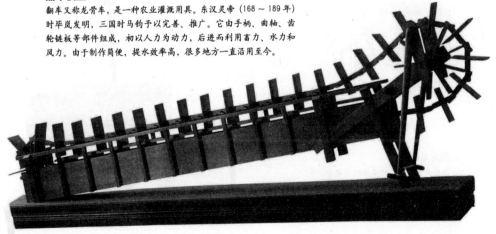

翻车模型

翻车又称龙骨车，是一种农业灌溉用具。东汉灵帝（168～189年）时毕岚发明，三国时马钧予以完善、推广。它由手柄、曲轴、齿轮链板等部件组成，初以人力为动力，后进而利用畜力、水力和风力。由于制作简便，提水效率高，很多地方一直沿用至今。

指南车

　　指南车通过传动机构或连或断的设计，使车上木人手臂始终指向南方。当车辆偏离正南方向时，如向左转弯，车辕的前端向左移动，而后端就向右移动，即会将右侧传动齿轮放落，从而使车轮的转动带动木人下大齿轮向石转动，恰好抵消车辆向左转的影响。木人手臂始终指向南方。

　　构造原理，制造出了指南车，"天下皆服其巧"。

　　马钧研究传动机械，发明了变化多端的"水转百戏"。他用木头制成原动轮，用水力来推动，使上层陈设的木人都动起来。木人能做各种动作，十分巧妙。

指南车模型

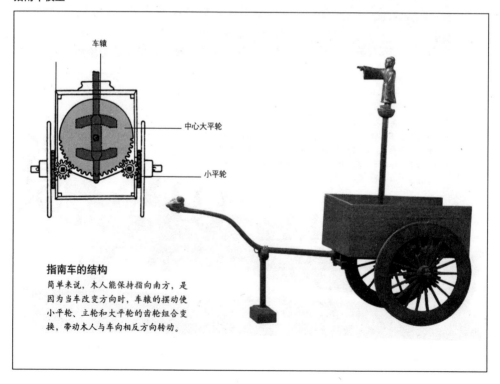

车辕

中心大平轮

小平轮

指南车的结构

简单来说，木人能保持指向南方，是因为当车改变方向时，车辕的摆动使小平轮、立轮和大平轮的齿轮组合变换，带动木人与车向相反方向转动。

贾思勰与
《齐民要术》
Qi Min Yao Shu

贾思勰像

贾思勰是我国南北朝时期杰出的农学家，他所编撰的《齐民要术》是一部内容丰富、规模宏大的有关农业生产技术的著作，是我国古代著名的"四大农书"之一。

贾思勰，齐郡益都（今山东寿光南）人，生卒年不详。北魏末曾任高阳（今河北高阳）太守。

贾思勰出生在一个世代务农的家庭，祖辈们对农业生产技术知识的热衷让他饱受熏陶。另一方面家里拥有大量藏书，让他广泛汲取各方面的知识，为以后编撰《齐民要术》打下了坚实的基础。

成年后的贾思勰，走上仕途，做过很多地方的官职，足迹遍及山东、河北、河南等地。他非常重视农业生产，到达地方之后，都会认真考察当地的农业生产技术，并向老农咨询经验，做好记录。中年之后，贾思勰回到家乡，自己经营农牧业，这种对农业生产的亲身体验，让他获益匪浅，积累了大量的生产经验。在东魏初期左右，贾思勰"采捃经传，爰及歌谣，询之老成，验之行事"，写成《齐民要术》。

《齐民要术》中嫁树法

一种是用斧背敲打枣或沙果树的树干，另一种用瓠石放在李的树杈中，目的是控制营养物质的分配，来提高产量和质量。

可以说，在《齐民要术》里，贾思勰全面吸收了前人的精典和农书的精华，也大量搜罗了有关农业生产的农谚歌谣，并且很注重考察和征询同时代有经验人的生产经验，有的甚至亲自在生产中实践检验。其准确程度自是相当的高，历经1500多年，仍被人们奉为古农书的经典著作。

《齐民要术》分为10卷，92篇，算上卷前的"序"和"杂说"，共计11.5万余字。其中正文约7万字，注释4万多字。如此宏大的篇幅，在中国古代农书中也属罕见。

《齐民要术》内容涉猎广泛，从耕种到制造醋酱，凡是有关农业生产和农民生活的，都有详细的记录。用贾思勰的话来说是："起自耕农，终于醯醢，资生之业，靡不毕书。"具体涉及农艺、林木、园艺、畜牧、养鱼、农副产品加工以及其他手工业等。

《齐民要术》的序是全书总纲，交代了写作的缘由和意图。正文10卷，前3卷讲大田作物和蔬菜的种植；第4、5卷讲果树和林木；第6卷讲动物的饲养；第7、8、9卷讲副业，包括酿造、食品加工、荤素菜谱以及文化用品等；第10卷主要记述南方的植物资源。

《齐民要术》对我国农业科学技术的贡献表现在以下几个方面：

一、建立了比较完整的农业科学体系，内容涉及农业生产各个方面，并且对以实用为特点的农学类目以及该类目在农业生产中所占比重做出了合理的划分。二、精辟揭示了黄河中下游地区农业技术的关键，详尽探讨了抗旱保墒问题，并对农作物耕培、农田管理进行了规范。三、记载了许多植物生长发育以及有关农业技术的观察资料。四、保存了许多古代的农书，像《氾胜之书》等，也保存了许多佚失的古籍，为后人研究提供了重要的史料。五、大大推进了动物养殖技术。书中涉及了家禽牲畜的饲养。六、叙述了农产品的加工、酿造、贮藏和烹调的技术，内容很全面。

综上所述，《齐民要术》是一部总结我国古代农业生产经验的杰出著作，内容完整而系统，是一本货真价实的具有高度科学价值的"农业百科全书"。

《齐民要术》中的育骡方法

《齐民要术》第一次记载了马驴杂交培育骡的方法和技术原则："以马覆驴，所生骡者，形容壮大，弥复胜马。然必先七八岁草驴（母驴），骨目（骨盆）正大者：母长则受驹，父大则子壮。草骡不产，产无不死。养草骡，常须防勿令杂群也。"

古代耙耱图

在农业中，必须面对如何减少土壤水分散失，以及如何解决翻耕后平整地面和破碎土块等问题。早在汉代，人们就采用了耕耱结合的方法，即在翻耕后用"耱"来磨平地面和磨碎土块，以减少土壤水分的散失。魏晋时期则在耕耱之间又加上了"耙"，形成了耕、耙、耱三位一体的旱地耕作技术体系。

虞喜、何承天
发现岁差
Fa Xian Sui Cha

　　东晋时期，虞喜发现岁差现象，并提出赤道岁差概念，这是我国天文学史上一件极其重要的事情。

　　大家知道，地球是一个非匀质的圆球，赤道周围有多余物质的环，由于日、月、行星的引力影响，造成了地球的自转轴绕黄道缓慢移动，相应的春分点也沿黄道以每年50″24的速度向西移动，约60～70年西移1度。春分点的移动分量，就被称为"岁差"。

　　限于当时的科技条件，虞喜并不知道个中的道理。他只是从古代冬至点位置的实测数据中，发现冬至点逐年西移。他分析得出，冬至一周岁要比太阳一周天差一小段，虞喜将它命名为"岁差"。虞喜提出"岁差"概念之后，又由《尚书·尧典》中记录的"日短星昴，以正仲冬"，知道尧帝的时候测得昴星在冬至日黄昏正好位于南中天。而此时昴星在冬至日黄昏处于

虞喜的安天说
　　虞喜发展了汉代三大宇宙结构理论之一的宣夜说，提出了安天说："天高高于无穷，地深深于不测。天确乎在上，有常安之形，地魄焉在下，有静居之作。……其光耀布列，各自运行。"他主张宇宙是无限的。

南中天之西若干度，用这个度数除以尧帝距今的年代，就得到每50年退1度的结论。

　　南朝宋天文学家何承天肯定和拥护岁差说，他结合自己的观测数据，运用与虞喜类似的思路，得出了赤道岁差每100年差1度的新观测值。何承天测得的值略优于虞喜的观测值，相对比较准确。

　　岁差的发现和肯定，反映了我国的天文历法在三国两晋南北朝时期的不断进步和发展。在这一时期，一系列的天文历法上的成就和突破，都来源于古代天文工作者长年累月不懈的观测和记录。

　　在三国时期，曹魏立国之初，韩翊便献上黄初历。黄初历采用的朔望月长度为29.53059日，误差为0～4秒，差不多达到了历史上的最高水平。

东晋时期，与东晋对峙的北方16国中后秦和北凉政权也有新历法颁行。姜岌于384年制成三纪甲子元历，在后秦颁用。赵[匪]于412年制成元始历，在北凉使用。其中姜岌所提出的月食冲法，成为冬至点位置测定的经典方法，为历代名家广泛采用。赵[匪]则打破了已采用约800年的19年7闰的旧闰法，提出了600年间置入221个闰月的新闰法，开辟了提高回归年长度值准确度探索的新方向。

到了南北朝时期，天文历法取得长足的发展。在南方，443年何承天制成元嘉历，463年祖冲之制成大明历。北方历法前期并无起色，直到北齐张子信等出现，才后来居上。

其中元嘉历所取五星会合周期值的平均误差为69分钟，比前代历法有明显提高；大明历所取五星会合周期的平均误差为43分钟，较元嘉历又有较大进步。大明历是这一时期成就最大的一部历法。大明历首次把岁差引

陈卓星官

孙吴、西晋的太史令陈卓汇总、整理了甘氏、石氏和巫咸氏三家星官，并同存异，共归纳出包括283星官、1465颗恒星的全天星官系统，成为当时通用完整的全天星官系统，对后世影响深远。

入历法之中，是一个重大的成就。另外祖冲之还发明了由晷影观测计算冬至时刻的新方法，成为冬至时刻的经典算法。

北方以北齐张子信在历法上的贡献最为突出。他在一个海岛之上，坚持30余年认真观测和研究，终于在570年取得三项重大的天文发现，即：太阳、五星运动的不均匀性和月亮视差对日食的影响。

在太阳运动不均匀性上，张子信指出："日行在春分后则迟，秋分后则速。"即太阳在春分到秋分间每日运动的速度小于1度，而在秋分到春分间每日运动速度大于1度。对于五星运动的不均匀性，他指出：五星晨见东方的时间超前或滞后，其多少与二十四节气有密切而稳定的关联。张子信观察发现：当合朔发生在黄白交点附近的食限以内的时候，如果月亮位于黄道之北，则必定发生日食现象；如果月亮位于黄道以南，就可能没有日食现象的发生。

综上可知，天文历法在三国两晋南北朝时期，取得了一系列的成就，这些科技的进步为后来天文历法的进一步发展铺平了道路。

圆周率的
计 算
Yuan Zhou L De Ji Suan

祖冲之像

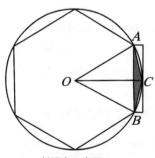

割圆术示意图

扫码获取更多资源

在三国两晋南北朝时期，有两位杰出的数学家在计算圆周率上做出了非常杰出的贡献，他们是曹魏、西晋时期的刘徽和南朝宋时期的祖冲之。

人们最初计算圆面积的时候，大都采用"周三径一"，即圆周率 $\pi=3$ 来计算，这样一来，误差还是挺大的，不够精确。刘徽经过研究发现，"周三径一"实际上是圆内接正六边形的周长和直径的比值，而不是实际的圆周长与直径的比值。因此，用这个数据所计算的结果是圆内接正十二边形的面积，而不是圆的面积。

刘徽不满足这一发现，他继续深入研究，得出结论：圆内接正多边形边数越多，其面积越趋近于圆面积，即"割之弥细，所失弥小。割之又割，以至于不可割，则与圆合体而无所失矣"。当圆内接正多边形边数无限多时，其周长的极限也就是圆周长，其面积的极限也就是圆的面积。这就是著名的"割圆术"。割圆术是我国古代最早用极限思想解决数学问题的有力证明。

刘徽计算时，从圆内接正六边形算起，然后边数逐倍增加。假设圆内接正 $2n$ 边形边长为 $L2n$，内接正 $4n$ 边形边长为 $L4n$，那么选择一个直角三角形，利用勾股定理，r、$L2n$、$L4n$ 三者存在这样的运算关系：

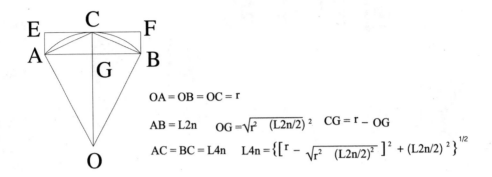

$$OA = OB = OC = r$$

$$AB = L_{2n} \qquad OG = \sqrt{r^2 - (L_{2n}/2)^2} \qquad CG = r - OG$$

$$AC = BC = L_{4n} \qquad L_{4n} = \left\{\left[r - \sqrt{r^2 - (L_{2n}/2)^2}\right]^2 + (L_{2n}/2)^2\right\}^{1/2}$$

　　三个未知数，已知两个数值，便可求得第三个。刘徽算得 $\pi \approx 3.14$ 或 $\pi \approx 3927/1250$。这个数据是当时世界上 π 的最佳数据。

　　刘徽首创"割圆术"，开创了圆周率研究的新纪元。祖冲之则是将其发扬光大者。在刘徽研究和计算的基础之上，祖冲之将圆周率的计算推进了一大步，他求出了精确到小数点后第7位有效数字的圆周率：$3.1415926 < \pi < 3.1415927$。

　　这一结果需要付出巨大的努力和辛勤的劳动。可以试想一下，在当时算筹运算的条件下，需要对9位数字的大数目进行各种运算至少130次以上，还包括乘方、开方的计算，这是一项非常艰巨而又极需耐心的工作。

　　为了计算的方便，祖冲之还求出两个分数来表示圆周率：密率是 355/113，约率是 22/7。其中密率是分子、分母都在 1000 以内表示圆周率最佳的数值。

　　祖冲之对圆周率计算的贡献，足以使他名垂不朽。他走在了全世界的前列，直到 1000 年以后，才有人求出更精确的值。

　　刘徽在数学方面的贡献还有很多。他对求派田面积、球体积、圆锥体积、解方程等，都有深入的研究。他撰写《九章算术注》和《重差》（后改为《海岛算经》）等数学著作。其中《重差》被列为唐初"十部算经"之一，内容是测量目的物的高和远的计算方法，代表着古代测量数学的杰出水平。

　　祖冲之研究涉及三次方程求解问题，他注释《九章算术》，撰写《缀术》10篇。《缀术》唐初被列入"十部算经"之一，内容精妙，可惜已佚失。

三国、两晋、南北朝时数学著作

(1)《勾股圆方图》　　(2)《孙子算经》　　(3)《夏侯阳算经》

(4)《张邱建算书》　　(5)《五曹算经》　　(6)《五经算术》

《脉经》与《针灸甲乙经》

Mai Jing Yu Zhen Jiu Jia Yi Jing

在西晋时期，有两部很出名的医学著作问世。它们分别是我国现存最早的脉学专著《脉经》和第一部针灸学专著《针灸甲乙经》。

《脉经》共 10 卷，98 篇，将脉象归纳为浮、芤、洪、滑、数等 24 种，并对各种脉象加以简明扼要的解释，阐明其所主病症，结合望、闻、问三诊详加研究。

《脉经》收集了魏晋以前的脉诊旧论，集古代脉学之大成，许多佚而不传的古医书因之得以存录。其《自序》中所说："今撰集岐伯以来，逮于华佗，经论要诀，合为 10 卷。百病根源，各以类例相从，声色证候，靡不赅备，其王、阮、傅、戴、关、葛、吕、张，所传异同，咸悉载录。"

《脉经》第 1 卷论三部九候、寸口脉及二十四脉象；第 2、3 卷以脉合脏腑经络，举阴阳之虚实、形证之异同，作为治疗的依据；第 4 卷决四时百病死生之分，论脉法；第 5 卷述张仲景、扁鹊脉法；第 6 卷列述诸病症；第 7、8、9 卷讨论脉证治疗各种病症；第 10 卷论述奇经八脉以及右侧上下肢诸脉。

《脉经》的作者是西晋的王叔和，名熙，高平（今山西高平）人。他出生官宦之家，为避战乱，移居荆州。受张仲景医学熏陶，立志钻研医道。他潜心学习，博采众家之长，医术日精。投效曹魏政权，做过曹操的随军医生。后来担任过王府侍医、皇室御医等职。在西晋时官做到太医令。王叔和在中医学发展史上做出了两大贡献，一是编著了《脉经》，另一个就是收集整理了散佚

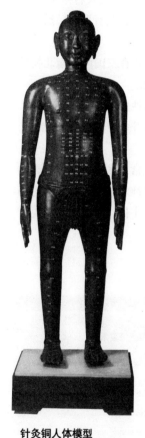

针灸铜人体模型

北宋医官王唯一在 1026 年铸造了两个空心铜人体模型，其全身标注 559 个穴位，其中 107 个是一名二穴，故全身共有 666 个针灸点。铜人既是针灸医疗的范本，又是医官院教学与考试的工具。

的《伤寒杂病论》。没有王叔和的收集整理，今人恐怕难以知道张仲景的杰出成就。

《针灸甲乙经》原名《黄帝三部针灸甲乙经》，简称《甲乙经》。全书起初共10卷，南北朝时改为12卷、128篇，系将《素问》、《灵枢》和《明堂孔穴针灸治要》3本书分类合编而成。

《针灸甲乙经》根据天干编次，内容主要是论述医学理论和针灸技术，故而得名。《甲乙经》的主要内容包括脏腑生理、经脉循行、腧穴走位、病机变化、诊断要点、治疗方法以及针灸禁忌等等。该书对古代针灸疗法进行了系统的归纳和整理，推动了针灸学的发展。

《针灸甲乙经》共记载了全身穴位649个，其中考订出的人身孔穴名称350个，单穴51个，双穴299个，对各个穴位都有明确定位，凡是前人记载有误的，都予以纠正。

《脉经》与《针灸甲乙经》的成书，标志着我国传统医学在三国两晋南北朝时期的发展和进步，为医学的专门化研究提供了重要的参考文献。

在这一时期，医学主流不注重阴阳五行、四时之序等哲理性作用，而是偏向务实，大力研究方剂、药物和针灸技法。这也具体体现在《脉经》和《针灸甲乙经》的编撰上。另外在本草、药物的研究上，也保持着这一原则。

药物学在两汉之后，得到迅速发展，典籍数量和种类非常之多。其中最有影响的是陶弘景所撰的《本草经集注》。《本草经集注》是继《神农本草经》之后对药物知识的大总结，其数量在《神农本草经》的基础上增加了1倍，对药物的解说内容也大大增加。

王叔和《脉经》中二十四脉象

名称	脉象	名称	脉象
浮	举之有余，按之不足	微	极细而软，或欲绝，若有若无
芤	浮大而软，按之中央空，两边实	涩	细而迟，往来难，且散，或一止复来
洪	极大在指下	细	小大于微，常有，但细耳
滑	往来前却流利辗转，替替然与数相似	软	极软而浮细
数	去来促急	弱	极软而沉细，按之欲绝指下
促	来去数，时一止，复来	虚	迟大而散，按之不足，隐指，豁豁然空
弦	举之无有，按之如弓弦状	散	大而散，散者气实血虚，有表无里
紧	数如切绳状	缓	去来迹迟，小駃于迟
沉	举之不足，按之有余	迟	呼吸三至，去来极迟
伏	极重指按之，着骨乃得	结	往来缓，时一止，复来
革	有似沉伏，实大而长微弦	代	来数中止，不能自还，因而复动，脉结者生，代者死
实	大而长微强，按之隐指，愊愊然	动	见于关上，无头尾，大如豆，厥厥然动摇

魏晋炼丹家与化学

Lian Dan Jia

老子传铅汞仙丹之道图

图中所绘为老君坐于崖下石台之上，面前有一炼丹用的三足鼎，鼎中开一圆孔，孔内放出一道黄色光柱，黄光中浮着一粒金丹。弟子立于炉前，倾听炼丹之道。

魏晋南北朝时期，炼丹活动盛行，炼丹术得到了极大发展。

这一时期，战乱频繁，社会动荡，统治者感觉地位不稳固，为了寻求精神的慰藉或解脱，纷纷求取丹药，妄图成仙。另一方面，由于自身的堕落，为了强身纵欲，也需借助丹药。一大批士人隐居山林，闲来无事，也纵酒谈禅，采药炼丹。炼丹已成为当时的一种社会时尚。

葛洪和陶弘景是这一时期两大著名的炼丹家，他们对炼丹术的发展起着举足轻重的作用。

葛洪（283～343年），字稚川，自号抱朴子，丹阳句容（今江苏句容）人，是早期道教的代表人物。由于家庭环境的关系，葛洪从小就受到正统儒家思想和神仙方术的熏陶。13岁的时候，家道中落，但葛洪自强不息，努力学习，终"以儒学知名"。后来拜从祖葛玄的弟子郑隐（字思远）为师，开始学习炼丹术。青年时期遭逢"八王之乱"，葛洪产生了出世思想，专注于道学。晚年入罗浮山炼丹修行，并且著书立说，直到去世。葛洪著述颇丰，有《抱朴子内篇》20卷，《抱朴子外篇》50卷，《神仙传》10卷以及医书《玉函方》、《肘后备急方》等等。

陶弘景（456～536年），字通明，号华阳真逸，谥贞白先生，丹阳秣陵（今江苏南京）人，是继葛洪之后的又一大炼丹家。他出身名门望族，自幼聪明好学，10岁读葛洪的《神仙传》，颇受启发，开始专注于道教。19岁时，齐高帝萧道成聘他为诸王侍读。在这期间，他谒僧访道，学习炼丹术和医药学。37岁时，他厌倦官场，辞官隐居茅山（即句曲山，在今江苏句容、金坛之间）。在茅山，他一边修道炼丹，一边为人治病、著书，直到逝世。陶弘景著述多达 60 多种，现存仅有《神农本草经集注》以及收入《道藏》的《真诰》和《养性延命录》。

葛洪的《抱朴子内篇》是著名的炼丹著作，陶弘景的《神农本草经集注》虽为医药著作，实际上包含了很多炼丹术的内容。他们两人都对炼丹化学做出了杰出的贡献。

炼丹活动的盛行和炼丹术的发展，带来了炼丹化学的巨大进步。

炼丹家长期烧炼的药物中，有一种叫做九转还丹的，就是利用了丹砂的分解和化合作用。丹砂，化学名称叫硫化汞（HgS），经过煅烧，其中的硫会被氧化成二氧化硫（SO_2），分离出来金属汞。然后，再使汞与硫化合，生成黑色的硫化汞，黑色的硫化汞经过加热升化，再经过冷却结晶，还原为比烧制之前的丹砂更纯净的红色的硫化汞。炼丹家称之为还丹，每经过一次这样的过程，就叫做一转。葛洪在《抱朴子内篇·金丹》里这样总结道："丹砂烧之成水银，积变又还成丹砂。"

炼丹家对铅化学的认识有所提高。葛洪指出，胡粉（碱性碳酸铅）和黄

葛洪《抱朴子内篇》记述的
魏晋炼丹盛况

（1）炼丹人数已不少

葛洪说，"周旋徐、豫、荆、襄、江、广数州之间，阅见流移道士数百人矣"。

（2）炼丹场所遍及各地（各山、海岛）

"有华山、泰山、霍山、恒山、嵩山、少室山、长山、太白山、终南山、女儿山、地肺山、王屋山、抱犊山、安丘山、潜山、青城山、峨眉山、艺山、云台山、罗浮山、阳架山、黄金山、鳖祖山、大小天台山、四望山、盖竹山、括苍山，甚至远至海岛，若会稽之东翁洲、潮洲，及徐州之莘莒洲、泰光洲、郁洲。"

丹都是"化铅所作"，其冶炼过程为"铅性白也，而赤之以为丹；丹性赤也，而白之以为铅"。陶弘景在《神农本草经集注》中也说，黄丹是"熬铅所作"，胡粉是"化铅所作"。

炼丹家已经能够制取单质砷。葛洪在《抱朴子内篇·仙药》中共记载了6种处理雄黄的方法，最后一种方法是在雄黄中添加硝石、玄胴肠（猪大肠）和松脂"三物炼之"，就能还原得到纯净的单质砷。这是世界上最早制取单质砷的方法。

对于铁与铜盐的置换反应，炼丹家也深刻认识到了。葛洪在铁的表面涂抹硫酸铜溶液，表面会析出铜来，"铁赤色如铜"，"外变而内不化也"。陶弘景扩大了铜盐的范围，用碱性硫酸铜或者是碱性碳酸铜参与反应。

在炼丹活动中，炼丹家对化学物质的特性和化学反应有了深入的认识。他们用汞溶解金属制作汞齐，用水银或氢氰酸溶解黄金，用火焰法来鉴别钾盐等等。他们的发现，有许多都是首次记录，处于世界化学的领先地位。魏晋炼丹家为我国古代化学的发展做出了杰出的贡献！

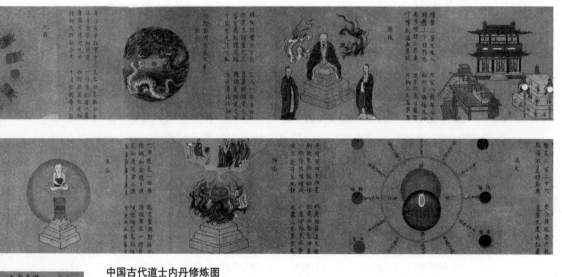

中国古代道士内丹修炼图

内丹修炼是道教修炼方法之一，与外丹相对，以人体比作炉鼎，循行一定的经络，通过炼养，使精、气、神在体内凝聚为"圣胎"，即是"内丹"。

郦道元和《水经注》

Shui Jing Zhu

《水经注》书影

在北魏时期，有一本地理学巨著叫《水经注》，他的著者郦道元是我国古代最卓越的地理学家之一。

郦道元（？～527年），字善长，北魏范阳郡涿县（今河北涿州）人。

郦道元出生在官僚世家，青少年时代随父亲在山东生活。对当地的风土人情深入了解后，逐渐对地理考察产生兴趣。父亲去世后，道元袭爵永宁侯，在孝文帝身边做官。后来外调，做颍川太守、鲁阳太守和东荆州刺史等职。在辗转各地做官的过程中，他博览群书，并进行实地考察，对当地的地理和历史有了深入的了解和研究。

神龟元年（518年），郦道元被免职回到洛阳。在这期间，他感觉以往的地理著作如《山海经》、《禹贡》、《汉书·地理志》都太过简略，《水经》只有纲领而不详尽。于是，他花费大量心血，广泛参考各类书籍，结合多年的实地考察经验，历时七八年，终于完成地理学名著《水经注》。

郦道元做官时得罪了小人，被他们设下陷阱，派去视察反状已露的雍州刺史萧宝夤的辖区。孝昌三年（527年）十月，郦道元在阴盘驿序（今陕西临潼东）时，遭到萧宝夤部队袭击，被残忍杀害。

《水经注》共40卷，约30万字，文字20倍于原书《水经》，共记有1252条河流。

《水经注》这部在当时世界地理文献中无与伦比的著作，成就巨大，主要表现在以下四个方面。

其一，在水文地理方面。《水经注》共记载了1252条大小河流，按一定次序对水文进行了详细的描述。如河流的发源、流程、流向、分布、水量的季节变化以及河水的含沙量和河流的冰期等。在河源的描述上，有陂池、泉水、小溪以及瀑布急流。全书共记载峡谷近 300 个，瀑布 64 处，类型名称 15 个。《水经注》记载了伏流 22 处，其中有石灰岩地区的地下河和松散沉积孔隙水；记载的湖泊总数超过 500 个，类型名称 13 个，其中有淡水湖也有咸水湖；记载了泉水几百处，其中温泉 31 处。这些为后世研究古今水文变迁提供了重要的参考文献。《水经注》还记载了无水旧河道 24 条，为寻找地下水提供了线索；记载了井泉的深度，为该地区地下水位变化规律提供了依据和参照。

其二，在生物地理方面。《水经注》记载了大约 50 种动物种类。不仅明确记载了动物的分布区域，而且记载了各地所特有的动物资料。特别是黄河淡水鱼类的洄游，是世界上该方面现存最早的文献记载。《水经注》还记载了约 140 种植物种类，描述了各地不同类型的植物群落，尤其注重植被状况。

其三，在地质地貌方面。《水经注》记载了 31 种地貌类型名称，山近 800 座记载了洞穴 46 个，按不同性状结构取不同名称。《水经注》还记载了许多化石，包括古生物残骸化石和遗迹化石；记载了矿物约 20 余种，岩石 19 种；记载了山崩地震 10 余处。其中关于流水侵蚀、搬运和沉积作用的解释，成为古代最早的流水地貌成因理论。

其四，在人文地理方面。《水经注》中记载的农业地理，包括农田水利、种植业、林业、渔业、畜牧业和狩猎业等；工业地理，包括造纸、纺织、采矿、冶金和食品等；运输地理，包括水上运输和陆上运输以及水陆相连的桥梁、津渡等。《水经注》还记载了地名约 17000 多个，有全面阐释的 2134 个。

综上，《水经注》是一部杰出的地理学巨著，它是对北魏以前的地理学的一次全面总结，为后世地理研究提供了非常详尽的参考文献。

三国两晋南北朝时期的方志

(1) 三国

《巴蜀异物志》（谯周）　《临海水土异物志》（沈莹）

《南州异物志》（万震）　《娄地记》（顾启期）

(2) 两晋

《荆州记》（范汪）　　　《十四州记》（黄恭）

《十三州记》（黄义促）　《风土记》（周处）

《雒阳记》（陆机）　　　《襄阳记》（习凿齿）

《庐山记》（慧远）　　　《宜都山川记》（袁山松）

《四海百川水源记》（道安）《华阳国志》（常璩）

(3) 南北朝

《荆州记》（盛弘之）　　《南越志》（沈怀远）

《吴地记》（陆道瞻）　　《洛阳伽蓝记》（杨衒之）

扫码获取更多资源

綦毋怀文发明
灌钢法
Guan Gang Fa

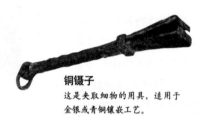

铜镊子

这是夹取细物的用具，适用于金银或青铜镶嵌工艺。

在汉代炒钢和百炼钢技术的基础之上，南北朝时期炼钢技术出现了新的突破，发明了灌钢法。

灌钢法就是把含碳量高的熔融状态的生铁和含碳量低的熟铁合炼，让碳分散均匀，成为含碳量较低的优质钢。灌钢法是我国冶金史上的一项伟大创造，在世界冶金史上也占据着突出的地位。文献上有关灌钢法的记载，在汉代和晋代都语焉不详，使后人难以知道其具体的方法。到了南北朝时期，綦毋怀文对灌钢法做出了无与伦比的贡献！

綦毋怀文，虽然可能不是灌钢法的最早发明者，却是灌钢法最早的革新者。他对这一炼钢工艺进行了重大的改进和完善，从而使这种新的炼钢方法趋于稳定，使操作更加简便和实用。綦毋怀文，复姓綦毋，名怀文，是我国南北朝时期著名的冶金家。具体的生卒年代历史上没有记载，只知道他生活在6世纪北朝的东魏、北齐年间。他喜欢"道术"，曾经做过北齐的信州（今四川奉节）刺史。

綦毋怀文在我国冶金史上的划时代贡献，在于他对灌钢法突破性的发展和完善以及他在制刀和热处理方面的独特创造。

三国时期冶炼中的鼓风技术

三国时，魏国的韩暨在官营的冶铁工场中推广运用水排，大大提高了生产效益。这种鼓风技术，节省了人力、畜力，收益也大为增加。

綦毋怀文在信州做刺史期间，制造了一种"宿铁刀"，采用的技术就是灌钢法。《北史·艺术列传》中记载："怀文造宿铁刀，其法烧生铁精，以重柔铤，数宿则成钢。以柔铁为刀脊，浴以五牲之溺，淬以五牲之脂，斩甲过三十札。"这里"生"是指"生铁"，"柔"是指熟铁，把含碳量高的生铁熔化，然后浇灌到熟铁上，降低熟铁的含碳量，这是明确的灌钢法记载。

这种灌钢法，较之以前的百炼法和炒钢法有着明显的优点。运用灌钢法，在高温下，液态生铁中的碳分及硅、锰等与熟铁中的氧化物发生氧化反应，这样就能达到去除杂质、

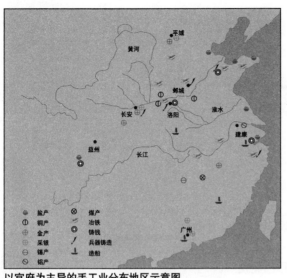

以官府为主导的手工业分布地区示意图

纯化金属组织的目的，从而提高金属的质量。灌钢法明显减少了锻打的次数，提高了劳动生产率。这种方法操作简便，特别容易推广。

綦毋怀文制作"宿铁刀"时，在热处理方面，使用动物尿和动物油脂作为冷却介质。动物尿中含有盐分，作为淬火冷却介质，冷却速度比水快，得到的钢较坚硬；动物油脂冷却速度比水慢，得到的钢有韧性。在此之前，人们一直用水作为淬火的冷却介质，直到三国制刀能手蒲元等人也没能突破水的范围。綦毋怀文对钢铁淬火工艺的重大改进，不仅扩大了淬火介质的范围，而且也能通过不同冷却速度获得不同性能的钢。

綦毋怀文还可能使用了双液淬火法，即先使用动物尿淬火，然后再使用动物油脂淬火，这样就能得到性能较好的钢。在工件温度比较高的时候，选用冷却速度比较快的淬火介质，主要是为了保证工件的硬度；在温度比较低的时候，选用冷却速度比较慢的淬水介质，是为了防止工件开裂和变形，保证工件的韧性。双液淬火法是一项比较复杂的淬火工艺，要求操作者有很高的技术水平和丰富经验，而綦毋怀文早在 1400 多年前就掌握了这种技术，这是热处理技术史上一项了不起的成就。

綦毋怀文对灌钢法突破性的发展和完善，标志着这一时期我国冶金技术的重大进步，使我国冶金技术遥遥领先于世界。

宋沈括《梦溪笔谈》中灌钢法

"世间锻铁所谓钢铁者，用柔铁屈盘之，乃以生铁陷其间，封泥炼之，煅令相入，谓之团钢，亦谓之灌钢。"

明宋应星《天工开物》中灌钢法

"凡钢铁炼法，用熟铁打成薄片如指头阔，长寸半许，以铁片束包尖紧，生铁安置其上（广南生铁名堕子生钢者，妙甚），又用破草覆盖其上（粘带泥土者，故不神化），泥涂其底下。洪炉鼓鞴，火力到时，生铁先化，渗淋熟铁之中，两情投合。取出加锤，再炼再锤，不一而足，俗名团钢，亦曰灌钢者是也。"

越青、邢白、唐三彩

Yue Qing Xing Bai Tang San Cai

千姿百态的造型，变化多端的装饰，融合着山水的、人物的、大自然的灵气，交织着宗教的、哲学的、艺术的理念，这就是唐代的瓷器。它的制作已经发展到非常成熟的阶段。

瓷器是我国古代独创的一项重大发明。原始瓷器在商周时期已经出现，经历了1500多年，制瓷技术到东汉后期已基本成熟，后经三国两晋南北朝进一步成熟和完善，唐代烧制瓷器的技术已达到炉火纯青的地步。

邢窑的白瓷和越窑的青瓷

唐代最著名的烧制瓷器的窑为越窑和邢窑。越窑在南方浙江绍兴，主要烧制青瓷；邢窑在北方河北邢台，主要烧制白瓷。

越窑的青瓷，胎质坚实，通体施釉，明彻如冰，晶莹温润如玉，色泽是青中带绿。瓷器的颜色主要由釉中所含的金属元素决定，尤其

是铁元素的含量。铁的氧化物一般有氧化亚铁和三氧化二铁等，只有氧化亚铁呈绿色。青瓷就是利用还原焰产生氧化亚铁烧制而成。掌握氧化亚铁的含量是烧制青瓷的关键。唐代，氧化亚铁的含量一般都控制在 $1\% \sim 3\%$ 之间，标志着青瓷的生产技术已经达到了一个新的高度。越瓷始于汉，盛于唐，尤其是唐中后期，瓷器烧制技艺非常纯熟。唐代的越窑瓷器，外形美观，品种繁多，工艺一流，堪称精品。其中尤以"秘色窑瓷器"（青瓷）最为著称。晚唐著名诗人陆龟蒙在《秘色越器》中盛赞越瓷道："九秋风露越窑开，夺得千峰翠色来。如向中宵承沆瀣，共嵇中散斗遗杯"，并赞美越瓷"类冰似玉"。越瓷从唐代开始就出口到日本、巴基斯坦、伊朗、埃及等国家。

邢窑的白瓷，胎质细润，器壁坚而薄，釉色洁白，光润晶莹。白瓷的呈色剂主

要是氧化钙，它要求铁的含量越少越好。邢窑还在实践之中不断创新，首创匣钵烧法，即将坯体盛于匣钵之中与火分离的操作法，从而使器形端正，坯胎减薄，对精美瓷器的烧制成功起着关键性的作用。精细白瓷的出现，是邢窑发展阶段的必然产物，说明了当时制瓷工艺已经达到了纯熟的地步。邢窑始烧于北朝，盛于唐朝，衰于五代，终于元朝，烧造的时间大约有 900 多年。邢窑白瓷的出现，结束了自魏晋以来青瓷一统天下的局面，到了唐代迅速崛起，与越窑平分秋色，形成南青北白、相互争妍的两大体系。中唐是邢窑的鼎盛时期，具有高透影性能的细白瓷，堪称精品，有"类银"、"类雪"的美誉。唐代著名诗人皮日休写诗赞道："圆似月魂堕，轻如云魄起。"邢窑细白瓷也是进献皇室的贡品，在唐代就远销海外。

唐三彩是继青瓷之后出现的一种彩陶。它烧制于唐代，主要是用黄、绿、白三色釉彩涂胎，故称唐三彩。唐三彩实际上是唐代彩色釉陶的总称。它有二彩的，也有四彩的，其他的色彩还包括蓝、赭、紫、黑等。它是在继承汉代低温铅釉陶工艺的基础之上，对含有有色金属元素的各种原料有了新的认识之后，经过实践创新烧制而成的。它的制作工艺是：用白色黏土做胎，然后用含有铜、铁、锰、钴等有色金属元素的矿物做釉料着色剂，再在釉料中加入铅作为助熔剂，最后经低温（800℃左右）烧制成功。唐三彩从开始烧制到工艺成熟，经历了一个由粗到精、由少到多的发展过程。大约在盛唐时代，经济的发展和兴起的厚葬之风，使得唐三彩达到了鼎盛时期。唐三彩主要用于明器和俑，样式多样，内容丰富，被誉为唐代社会的"百科全书"。

唐三彩

越窑青瓷、邢窑白瓷以及唐三彩，代表了唐代陶瓷技术的杰出水平，标志着唐代陶瓷工艺的纯熟。

唐三彩发展概况	时间	特点
初创时期	7 世纪到 8 世纪（武德年间至武则天执政前）	单一色釉、品种单一、工艺粗浅
鼎盛时期	8 世纪到 8 世纪中叶（武则天执政到唐玄宗统治时期）	多色彩釉、种类繁多、工艺先进
衰退时期	8 世纪中叶到 10 世纪初（安史之乱后到唐政权灭亡）	数量明显减少、工艺上已无进步和突破

雕版印刷术
Diao Ban Yin Shua Shu

印刷术是我国古代四大发明之一。它的发明和推广，推动了社会的进步和人类文明的发展，被称为"文明之母"。

雕版印刷术是印刷术最早的印刷模式，它的出现，标志着印刷术的产生，不愧是人类历史上一项划时代的发明。

关于雕版印刷技术发明的年代，学界有好几种说法，有东汉说、东晋说、魏晋南北朝说、隋朝说、唐朝说、五代说、北宋说。但是根据考古研究，有一点是可以肯定的，那就是雕版印刷技术发明在隋末唐初。在发现的唐代雕版印刷品中，最具代表性的是 868 年雕印的《金刚经》和韩国发现的武则天时代的《无垢净光大陀罗尼经》。

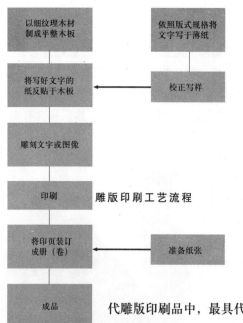

雕版印刷工艺流程

雕版印刷术的发明有着深刻的历史背景；伴随着物质基础的充裕和技术条件的成熟，雕版印刷术的产生，已成为历史发展的必然。隋唐以前，造字、镂金、制笔、研墨、造纸等奠定了物质基础，制陶、印章、刻石、捶拓、模像、凸版印花等提供了技术条件，这是一个不断积累、由量变到质变逐渐完善的成长过程。

在物质基础方面，主要是指对雕版印刷术发明起决定作用的纸、笔、墨。造纸术发明后，经过蔡伦、左伯和张永等造纸专家的改进和推广，迅速取代了竹帛。到魏晋南北朝时期，发明了帘床抄纸器，造出了匀细的薄纸，采用涂布技术，提高了纸张的吸墨性能；广泛采用染潢技术，使纸的质量不断提高。造笔和制墨技术均发明于先秦，经过近 1000 年的改进，魏晋时期已经十分成熟。造纸、造笔和制墨技术的成熟，为雕版印刷术的发明奠定了坚实的物质基础。

在技术条件方面，主要是捶拓与石碑拓本技术和镂花模板、刺孔漏印，凸版印花技术，以及印章与佛像模印技术这三种技术方法的成熟。其一，捶拓与石碑拓本这种方法，在印刷术发明以前，是一种较简便的复制文字的方法。具体操作方法是将洇湿的纸平铺于石上，用软刷将纸刷匀，经过捶打使纸紧贴在石面上，然后再用细布包裹棉花做成拓包，蘸上墨汁，在纸面上轻轻拓刷，因为石上的字是凹进石面的，所以有文字的部分受不着墨，把纸揭下来，便成为一件黑底白字的复制品，这就是拓本，也称拓片。其二，镂花模板、刺孔漏印及凸版印花这些方法，是古代纺织业的印染技术。镂版印花，是用两块雕镂成同样花纹的木板或油纸版等，将织物置于两块花版之间，将其夹紧，然后在雕空处注以色浆，印上花纹；刺孔漏印，是在硬纸板上刺孔成像，然后再进行描画或直接从孔透墨印刷；凸版印花，又称木版印花，其花版不镂空，花纹图案呈阳纹凸起状，印花时，将色浆或染料涂在花版的凸纹线条上，然后铺上丝织物加压，织物上便显出花纹。其三，印章

金刚经

迄今发现的最早印刷品是 868 年的《金刚经》，长 5 米，宽 2.7 米。本图是卷首的图画，画上是佛陀与其弟子须菩提交谈的情景。

唐代雕版印刷中心复原图

时期	时间	标志特征	考古实物
奠基时期	6世纪	捶拓与石碑拓本镂花模板、刺孔漏印及凸版印花印章与佛像模印	敦煌石室遗书中三件珍贵的佛教文献拓本：欧阳询写刻于631年的《化度寺故僧邕禅师舍利塔铭》；唐太宗李世民撰书的《温泉铭》；824年刻的柳公权书《金刚经》
形成时期	7世纪	佛像雕印	1906年在新疆吐鲁番发现刻印的《妙法莲花经》卷五《如来佛寿品第十六》残卷及《分别功德品第十七》全卷。1966年在韩国发现的《无垢净光大陀罗尼经》
成长时期	8世纪	密宗咒语	1944年成都市东门外望江楼附近的唐墓中出土《陀罗尼经咒》印本；1967年陕西西安西郊张家坡西安造纸厂工地唐墓中出土梵文《陀罗尼经咒》
成熟时期	9世纪	图文并茂的佛经	咸通九年（868年）的《金刚经》印本；敦煌木刻佛经印本《佛说观世音经》

雕版印刷术的发展概况

与佛像模印。印章是对镌刻甲骨、金石这一传统的继承。印章有阳文和阴文两种，阳文刻的字是凸出来的，阴文刻的字是凹进去的。

雕版印刷是我国古代应用最早的印刷术，其工作原理是：首先把木材锯成一块块的平木板，把要印的字写在薄纸上，反贴到木板上，然后根据每个字的笔画，用刀一笔一笔雕刻成阳文，使每个字的笔画都凸起在木板上。木板雕好以后，就可以印书了。

印书的时候，先用一把刷子蘸了墨，在雕好的板上刷一下，接着，用白纸覆在板上，另外拿一把干净的刷子在纸背上轻轻刷一下，把纸拿下来，一页书就印好了。一页一页印好以后，装订成册，一本书就做成了。这种在木板上雕字印刷的方法，被称为"雕版印刷"。雕版印刷的版材，古人最初一般选用梓木，所以称刻版为"刻梓"或"付梓"。以后也广泛使用梨木和枣木，故刻版亦被称为"付之梨枣"。

雕版印刷术，具备工艺简单、费用低廉、印刷快捷的显著优点，比之早先的手写传抄要优越百倍，所以一经发明，便受到人们的普遍欢迎，迅速得到推广和传播。

雕版印刷在唐代民间广泛应用于以下三个方面：一，宗教活动。大量佛教、道教经典典籍被印刷出版；二，刻印诗集、音韵书和教学书籍。白居易和元稹的诗集被"模勒"出版，受到百姓喜爱；三，历法、医药等科学书籍的印刷。

雕版印刷术是中国的一项独特的发明，它是无数劳动人民集体智慧和经验的结晶。

李春建赵州桥

Jian Zhao Zhou Qiao

古老的赵州桥，像一条美丽的彩虹横卧在赵州（今河北赵县）城南洨河之上。唐朝文人赞美它如同"初云出月，长虹饮涧"。它结构坚固，雄伟壮观，历经1400多年的风霜，依然屹立不倒，可以称得上是我国桥梁建筑史的奇迹。

赵州桥，又名安济桥，也叫大石拱桥，是我国现存最早的大型石拱桥，也是世界上现存最古老的跨度最长的敞肩圆弧拱桥。它全长50.83米，宽9米，主孔净跨度为37.02米。赵州桥全部用石块建成，共用石块1000多块，每块的重量达1吨，整个桥梁自重约为2800吨。大桥自建成到现在，期间经历了10次水灾、8次战乱和多次地震，承受了无数次人畜车辆的重压，都没有被破坏，让人不能不佩服其施工的精巧和科学。

赵州桥建于隋代开皇中期（605～618年），是由隋代著名的桥梁工匠李春设计和主持建造的。隋时的赵县是南北交通的必经之路，由此北上可到重镇涿郡（今河北涿州市），南下可抵东都洛阳，交通十分繁忙。可是这一要道却被洨河所阻断，严重影响了南北交通。到了洪水季节，甚至不能通行。在洨河上建造一座大型石桥成为人们的迫切需要，朝廷授命李春负责大桥的设计和施工。

李春是隋代的无数普通工匠中一位杰出代表，身份的普通使他在史书

赵州桥桥石雕刻

隋唐灞桥考古

隋唐灞桥是多孔石拱桥，桥长约 400 余米，它始建于隋文帝开皇二年（582 年）七月，建造时间应该比赵州桥还要早 20 多年。《唐书》等史料记载当时"天下巨梁十有一"，而"天下石柱梁四，洛三灞一。洛则天津、永济、中桥，灞则灞桥"。石柱桥三座建在洛水上，一座建在灞水上，就是现在的灞桥遗址。大桥由国家部门主持修建，并设置专门机构进行管理。不仅有水部郎中官员，专管造桥、修渠等设施的建造和管理，而且还有津令、典正、录事等专门负责。现存的桥墩是用大石条逐层砌筑，船形造型，南北两端均凿刻成尖角状，用来分水劈波、缓冲水势。每两个桥墩之间形成 5 米多的跨度，上面用石砌拱券相接，从桥墩底部到拱券顶部高度约为 6 米左右。

赵州桥的桥基调查

1979 年 5 月，中国科学院自然史组等 4 个单位组成了联合调查组，展开了对赵州桥桥基的调查，发现其根基只是有 5 层石条砌成高 1.55 米的桥台。桥基之浅令人叹为观止。

梁思成在 1933 年对赵州桥进行考察时，认为那并不是承纳桥券全部荷载的基础。他在考察报告中写道：

"为要实测券基，我们在北面券脚下发掘，但在现在河床下约 70～80 厘米，即发现承在券下平置的石壁。石共五层，共高 1.58 米，每层较上一层稍出台，下面并无坚实的基础，分明只是防水流冲刷而用的金刚墙，而非承纳桥券全部荷载的基础。因再下 30～40 厘米便即见水，所以除非大规模的发掘，实无法进达我们据学理推测的大座桥基的位置。"

中没有记载，有关他的文字记载仅见于唐代中书令张嘉贞为赵州桥所写的"铭文"中："赵郡洨河石桥，隋匠李春之迹也，制造奇特，人不知其所为。"

李春率领工匠来到赵县，对洨河及两岸地质等情况进行了实地的综合考察，在认真总结了前人建桥经验的基础上，提出了独具匠心的设计方案。然后再按照设计方案组织施工，出色地完成了赵州桥的建造。

赵州桥不仅设计独特，而且建造技术也非常出色，在我国桥梁技术史上有许多创新和贡献，表现在以下几个方面：

（1）采用坦拱式结构，改变了我国早期拱桥半圆形拱的传统。赵州桥的主孔净跨度为 37.02 米，而拱高只有 7.23 米，矢跨比（拱高和跨度之比）为 1：5 左右，这样就实现了低桥面和大跨度的双重目的。这种结构不仅使桥面平坦，易于车马通行，而且还有节省用料和施工方便的优点。

（2）开敞肩之先河。李春把以往桥梁建筑中采用的实肩拱改为敞肩拱，即在大拱两端各设两个小拱。其中一小拱净跨为 3.8 米，另一拱净跨为 2.8 米。这种设计的好处有三：

一是可节省材料，二是减少桥身自重，三是能增加桥下河水的泄流量。这种大拱加小拱的敞肩拱设计不仅增加了造型的优美，而且符合结构力学理论，提高了桥梁的承载力和稳定性。

（3）单孔设计。建造比较长的桥梁，我国古代一般采用多孔形式。李春采取了单孔长跨的形式，河心不设立桥墩，石拱跨径长达 37 米之多。这在我国桥梁史上是一项空前的创举。

（4）合理选择桥基址，设计了独具特色的桥台。李春选择洨河两岸较为平直的地方建桥，地层都是由河水冲积而成，表面是粗砂层，以下是细石、粗石、细砂和黏土层。

基址特别牢固。赵州桥的桥台的特点是低拱脚、短桥台、浅桥基。李春在桥台边打入许多木桩，目的是为了减少桥台的垂直位移（即由大桥主体的垂直压力造成的下沉）；采用延伸桥台后座的办法，目的是为了减少桥台的水平移动（即由大桥主体的水平推力造成的桥台后移）。另外，为了保护桥台和桥基，李春还在沿河一侧设置了一道金刚墙。这种设计不仅可以防止水流的冲蚀作用，而且使金刚墙和桥基以及桥台连成一体，增加了桥台的稳定性。

赵州桥的敞肩圆弧拱形式是我国劳动人民的一个伟大的创造，西方直到 14 世纪才出现敞肩圆弧石拱桥，比我国晚了 600 多年。赵州桥建筑结构奇特，融科学性和民族特色为一体，是我国古代建筑的精品。1991 年，赵州桥被美国土木工程师学会选定为世界第 12 处"国际土木工程历史古迹"。

开凿大运河

Kai Zao Da Yun He

隋炀帝像

　　举世闻名的京杭大运河，与万里长城并称为中国古代最伟大的工程，是世界上开凿最早、最长的一条人工河道。它始凿于春秋末期（公元前5世纪），后经隋朝（7世纪）和元朝（13世纪）两次大规模扩展，成为北起北京、南至杭州的南北交通大动脉。它跨北京、天津以及河北、山东、江苏、浙江四省，沟通海河、黄河、淮河、长江、钱塘江五大水系。

　　经隋朝数次开凿形成的南北大运河，是世界上最长的运河。它全长 1794 公里，水面宽 50 多米，最窄的地方也有 30 ～ 40 米。运河修通后，隋炀帝杨广率领数达几千艘、长达 200 里的船队，从洛阳出发，一路浩浩荡荡前往扬州游玩。杨广乘坐的龙舟，高 4.5 丈，宽 5 丈，长达 20 丈。由此不难看出大运河的规模和通航能力。

　　南北大运河是由广通渠、通济渠、山阳渎和永济渠以及江南运河连接而成。其开凿的时间前后不一，计有 20 多年之久。

　　开皇四年（584 年），隋文帝杨坚为了改善漕运，命宇文恺率水工凿渠，"引水自大兴城（即长安）东至潼关三百余里，名曰广通渠"，历时 3 个月。

　　开皇七年（587 年），杨坚出于军事上的需要，下令调集民工，开挖江淮河段，"于扬州开山阳渎"。山阳渎长约 300 里，疏导了春秋时吴王夫差所开的邗沟，引淮河水入长江。

　　大业元年（605 年），隋炀帝杨广调集河南诸郡民工百余万人，开挖通济渠。自洛阳西苑引榖、洛水入黄河，又从洛阳东面的板渚引黄河水与汴水合流，然后又分流，折入淮水，直达淮河南岸的山阳。通济渠、山阳渎连接后，淮河南北漕运畅通。

　　大业四年（608 年）春，杨广又调集河北诸郡民工百余万人开挖永济渠。这个工程先引沁水入黄河，又自沁水东北开渠，到达临清合屯氏河。主要用途是通舟北巡，所以称之为御河。

大业六年（610年）冬，杨广下令修江南运河。工程从京口（今江苏镇江）开始到余杭入钱塘江，全长800余里，河宽10余丈。

隋朝修筑的南北大运河，以洛阳为中心，北通涿郡，南达余杭，西至长安，把钱塘江、长江、淮河、黄河、海河5条大水系联系起来，形成了一个四通八达的水运网络。这是一项举世闻名的水利工程。

南北大运河开凿的原因，演义小说都归结为杨广醉心游乐。事实上，主要因为是当时社会经济发展和政治方面的客观需要。从经济方面来说，当时政治中心长安和洛阳人口激增，粮食供应严重不足；而江浙一带"有海陆之饶，珍异所聚，故商贾并凑"，资源丰富，十分繁华。南北的经济需要交流，水运方面的状况尤其需要改善，漕运南方

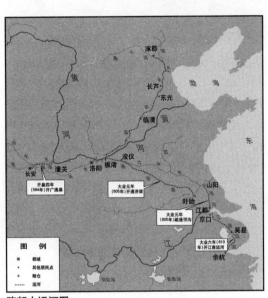

隋朝大运河图

京杭大运河的兴修

京杭大运河始凿于公元前486年，是世界上最长的运河。主要经历3次较大的兴修过程。

第一次是在公元前5世纪的春秋末期。吴王夫差为了北上伐齐，调集民夫开挖自今扬州到淮安入淮河的运河。因为途经邗城，所以得名"邗沟"。邗沟全长170公里，是大运河最早修建的一段。

第二次是在7世纪初的隋朝。即本文的南北大运河。

第三次是在13世纪末的元朝。元定都北京后，为了使南北相连，不再绕道洛阳，前后花了10年时间，先后开挖了"洛州河"和"会通河"，又在北京与天津之间新修"通惠河"。新的京杭大运河比绕道洛阳的大运河缩短了900多公里。

的粟米丝帛到中原地区来，促进了南北之间的贸易往来。从政治军事方面来说，南方广大地区大小起义始终不断，隋王朝鞭长莫及。为了进一步控制南方，隋王朝也需要修建一条运河来及时运兵，以镇压当地的反隋活动。开凿南北大运河是经济、政治和军事的需要，也是时代的需要和历史发展的必然；当朝统治者的个人好恶并不是最主要的原因。

　　隋朝南北大运河的开凿，功在当时，利在千秋。大运河自从凿通以后，就成为我国南北交通的大动脉，运河中"商旅往返，船乘不绝"。唐代诗人皮日休在《汴河铭》说："今自九河外，复有淇汴（即运河），北通涿郡之渔商，南运江都之转输，其为利也博哉！"在运河两岸，商业都市日益繁荣。自隋唐以后，沿运河两岸如杭州、镇江、扬州、淮安、淮阴、开封等地，都逐渐成为新兴商业都会，这些城市历经宋、元、明、清而不衰，成为繁盛一方的大都市。

　　开挖大运河，要穿越复杂的地理环境，从设计施工到管理，都需要解决一系列科学技术上的难题。工程涉及测量、计算、机械、流体力学等多方面的科技知识。这一工程的完成，反映了我国古代劳动人民的聪明才智和创造精神。

中世纪最大的城市
长安城

Zui Da De Cheng Shi

　　唐代首都长安城是当时全国的政治、经济和文化中心，也是亚洲各国经济、文化交流的中心；人口超过100万，又是当时世界上规模最大的国际性都市。

　　长安城始建于隋朝建立的第二年（582年）六月丙申（7月29日），于583年基本完成，三月迁入使用，初名"大兴城"。唐代在隋大兴城的基础上，经过修建和扩充，建造成规模宏伟的长安城。

　　长安城周长36.7公里，面积83平方公里，是明代西安城面积的8倍。比50多平方公里的北宋开封、元大都和70多平方公里的明清北京城都大，是6～9世纪东亚乃至世界第一大城。在古代世界著名的大城市中，罗马的面积为13.68平方公里，巴格达的面积为30.44平方公里，拜占庭的面积为11.99平方公里，它们都比长安城要小得多。

　　长安城分为宫城、皇城和外郭城三部分。宫城就是宫殿区，是帝王后妃居住的地方。宫城中部为大明宫，是皇帝起居、听政的地方；东部为东宫，是专供太子居住和处理政务的地方；西部为掖庭宫，是安置宫女学习技艺的地方。皇城又称子城，为中央衙署区，是军政机构和宗庙所在，是长安的核心。外郭城中，分布着108坊（住宅区），由11条南北大街和14条东西大街分割而成。还有东、西两市，对称地坐落在皇城外的东南和西南部，是商业场所。整个城市依照中轴对称的原则设计修建，布局严谨，街衢修直，殿堂宏大，楼阁栉比，四通八达，交通便利，是我国古代都城规划和建设中的创举。

　　唐长安城为人类建筑文化提供了一种特殊的见证，堪称同时代世界建筑中的杰作。

　　从城市规划来看，长安城气势恢宏，多重格局博大开阔。唐长安沿用隋代大兴城的"创制"规划，把皇室、官署和居住区严格分开。把宫城和皇城建在居中偏北，更突出了周天之内群星环拱紫微垣的思想。

　　从建筑类型来看，唐长安城造型多样，极富变化，建筑类型成熟完备。其垣

唐长安城大明宫复原图

门宫阙、离宫行馆、宫殿楼阁、寺院道观、府邸住宅、园林造景、别墅亭池等均有自己的特色。尤其是道观，沾了道教祖师爷李耳与唐皇室同姓的光，不但数量剧增，建筑艺术也获得长足发展，逐渐形成了与佛教建筑迥乎不同的风格与特色。

　　从建筑组群来看，唐长安城组群布局复杂。无论是庭院、宫殿，还是寺观和衙署的廊院，院落重叠并纵横双向扩展，构成了参差错落、变幻莫测的群体建筑。这种大规模的建筑组群，既有层次、深度又富有变化，颇具艺术审美性。

大明宫

　　大明宫始建于唐代贞观八年（634年），初名叫永安宫，次年改名大明宫。李治一度加以扩建，并改名蓬莱宫，后成为唐代帝王在长安居住和听政的主要场所。唐末毁于战乱。

　　据载大明宫分为外朝、内廷两部分。外朝沿着南北向轴线纵列了大朝含元殿、日朝宣政殿、常朝紫宸殿。内廷部分以太液池为中心。

　　大明宫遗址在陕西省西安市东北龙首原上。宫城平面呈不规则长方形，南宽北窄。北墙长1135米；南墙（即长安城北垣的一段）长1674米；西墙与南北墙垂直，长2256米；东墙倾斜曲折。

　　从环境建设来看，唐长安城开掘有龙首、清明、永安三条水渠，引河水入城，既解决了给排水问题，又可运输物资。水渠两岸种植柳树，风景宜人。城东南辟有曲江风景区，"花卉周环，烟水明媚，都人游赏盛于中秋节。江侧菰蒲葱翠，柳荫四合，碧波红蕖，湛然可爱"。

　　梁思成在《中国古代建筑史》绪论第六稿中指出："作为政治、经济、文化的综合反映，唐代的建筑也出现了突出的高峰。在隋大兴城的基础上，当时世界上最大的、规模最完善的都城——长安，建造起来了。近年来对于城墙和宫殿遗址的发掘证明了文献中所记载的宏伟规模和富丽的建筑。"

　　唐长安城，作为精心规划、气象宏伟的大都城，在隋唐以前的中国不曾有过。长安城既具有典型的东方建筑风格，也吸纳了许多中亚、西亚和南亚建筑的精华，特别是有些石构建筑甚至完全吸纳了外来建筑的优点。可以说唐代长安城兼具中西建筑的特色。这种有中国特色的古代东方伟大建筑的风采辐射世界，对朝鲜、日本的都城建设有重要影响。

唐长安城与意大利的罗马、希腊的雅典、埃及的开罗合称为世界四大古城，是屈指可数的最具有国际大都会特质的城市，其建筑特色和建筑风格代表了当时建筑的最高水平。

长安城重要道观分布图

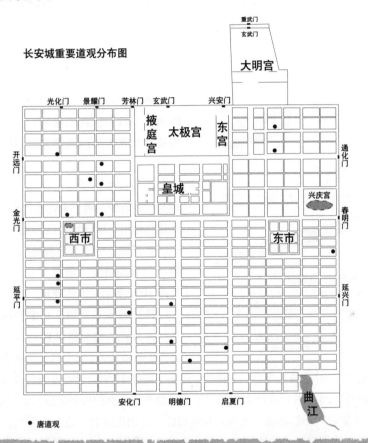

● 唐道观

兴庆宫考古

兴庆宫建于开元二年（714年），在兴庆坊基础上建成。唐天祐元年（904年）毁。

据载，兴庆宫以一道东西横墙隔为南北两部分。北部为宫殿区，正门兴庆门在西墙；南部为园林区。正殿为兴庆殿。园林区以龙池为中心，东北角有沉香亭。

遗址在陕西省西安市东郊，南北1250米，东西1080米。整座宫殿没有一条全局的中轴线，这在古代宫殿建筑中是罕见的。

药王孙思邈

Yao Wang Sun Si Miao

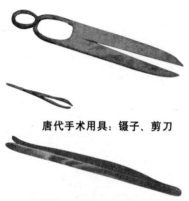

唐代手术用具：镊子、剪刀

宋代手术用具：玛瑙刀

在世人眼中中医擅长内科，实际上中医在外科方面也有不少重大成就。大约在周代的医学分科中，已经有相当于外科医生的"疡医"，负责医治肿瘤、溃疡、金疮、抑疡之类的外科疾病。其后，外科医学不断发展，外科名医不断涌现。

孙思邈（581～682年），京兆华原（今陕西西安耀州区孙家塬村）人，是我国隋唐时期伟大的医药学家，后世尊之为"药王"。

孙思邈的医学造诣很高，是隋唐时期医药界的佼佼者。宋代林亿称道："唐世孙思邈出，诚一代之良医也。"

孙思邈出生于一个普通的农民家庭。他自幼聪颖好学，敏慧强记，7岁时能背诵1000多字，人称神童。

孙思邈幼年多病，家中为他治病几乎倾家荡产。他经常见到老百姓生病没有钱医治而死去，加上自己的切身体会，

孙思邈10岁时已决心要当一名医生。他花了整整10年的时间来刻苦攻读医书，钻研医学，20岁时已能给亲朋邻里治病，他本人所患的疾病最后也由自己治愈。

30岁时，孙思邈离开家乡，长途跋涉到太白山隐居，边行医采药，边研究炼丹术。这期间他成功地炼成了太一神精丹（即氧化砷）。孙思邈用它来治疗疟疾，疗效非常好。后来这种方法经阿拉伯传入欧洲，引起较大反响。40岁时，孙思邈在切脉诊候

孙思邈是世界上第一个记录脚气病的人

在600年左右，孙思邈就总结出了治疗脚气病的方法，直到1642年欧洲才开始有人研究如何治疗脚气病。孙思邈的发明比欧洲早了1000多年。

和采药制丹等方面已经卓然成家，医术也日臻成熟。

在民间治病救人的同时，晚年孙思邈主要从事著书立说。70岁时，孙思邈积50年医疗实践之经验，编写了《千金要方》，30年后，又写成《千金翼方》。《千金要方》和《千金翼方》相辅相济，成为中医学史上极有实用价值的医学手册。除此以外，孙思邈还著有《枕中素书》、《福禄论》、《会三教论》、《老子注》、《庄子注》、《明堂图注》、《孙真人丹经》、《龟经》、《玄女房中经》、《摄生真录》、《千金食治》、《禁经》等。

孙思邈一生淡泊名利，隋文帝、唐太宗、唐高宗多次请他出来做官，他都托病辞而不受。他一生大部分时间生活在农村，为百姓治病。病人来向他求医，不论其贫富贵贱，亲近生疏，他都能做到一视同仁。遇到患传染病的危险病人，他也不顾个人的安危，及时为病人诊治。他高尚的医德颇受世人敬重，当时的大学士宋令文、名士孟诜和初唐四杰之一的卢照邻等均以"师资之礼"待他。擅长针灸的太医令谢季卿，以医方针灸著名的甄权、甄立言兄弟，长于药性的韦慈藏，唐初名臣魏征，都是他的好友。

《千金方》是孙思邈的代表著作。书名取自"人命至贵，有贵千金，一方济之，德逾于此"之义。《千金方》是《千金要方》和《千金翼方》的合称。《千金要方》又称《备急千金要方》，共30卷，分医学总论、妇人、小儿、七窍、诸风、脚气、伤寒、内脏、痈疽、痔漏、解毒、备急诸方、食治、养性、平脉、针灸等法，总计232门，收方5300个。《千金翼方》是对《千金要方》的补编，也是30卷，其中收录了唐代以前本草书中所未有的药物，补充了很多方剂和治疗方法。这两部书，收集了大量的医药资料，是唐代以前医药成就的系统总结，对学习和研究我国传统医学有重要的参考价值。后人称《千金方》为"方书之祖"。

《千金方》首创"复方"形式，是医学史上

孙思邈扎针图

针灸包括针法和灸法，起源于新石器时期的砭石疗法，后世不断地加以发展和完善。针法和灸法所依据的理论、施行的体位基本相同，并常常配合应用，故一般合称为针灸。灸法是将艾叶（或其他药物）捣碎，加工成艾绒，再制成艾条或艾柱，点燃后熏烤，烧灼体表的特定部位，如穴位、患处等来治疗疾病的方法。

孙思邈是火药的发明者

孙思邈是一个高超的炼丹家。在《丹经内伏硫黄》一书中，他记述了自己用硝石、硫黄和木炭混在一起制成火药的经过。

的重大革新。孙思邈在《千金要方》中发展为一病多方，灵活变通了张仲景《伤寒论》中一病一方的体例。有时两三个经方合成一个"复方"，以增强治疗效果；有时一个经方分成几个单方，以分别治疗某种疾病。

《千金方》把妇科列为临床各科之首，为中医妇科和儿科的发展做出了重要的贡献。

《千金方》在食疗、养生、养老方面也做出了巨大贡献。《千金方》还谈到了系统的养生问题，提出去"五难"（名利、喜怒、声色、滋味、神虑）和"十二少"（思、念、欲、事、语、笑、愁、荣、喜、怒、好、恶），以及按摩、调气、适时饮食等。《千金方》是我国现存最早的一部医学百科全书，在中药学上有很高的价值。

孙思邈在各科的主要成就

科目	主要成就
妇科、儿科	主张妇科应单独设科
	深入研究妇女养胎禁食、产后护理、月经不调等妇科病的防治
	专门论述胎儿的发育过程及胎养胎教
针灸与药物	主张针灸与药物并用的综合治疗原则
	著《千金方》记载多种针灸方法，100多种病症的400多条针灸处方
食疗学	论述果实类、菜蔬类、米谷类、鸟兽类常用食品的性味、药用功能、调配宜忌等
	提出无病要注意调节饮食，有病先用食疗，不愈才用药
	总结出夏秋少食肥腻，常吃乳酪酥可使筋骨强健等原则
药物学	提出新的有效药物，如荞麦、山韭等
	重视药物产地对药效的影响，强调地道药材的选用
	提出药物储藏和保管方法。药物要先在烈日下晒干，储藏于新瓦器中，瓦器盖缝用泥或蜡密封，放在离地面三四尺高的地方，以免受潮

扫码获取更多资源

一行测量子午线

Zi Wu Xian

一行像

什么叫本初子午线

　　本初子午线是通过伦敦格林尼治天文台原址的经线，亦即 0°经线。从 0°经线算起，向东向西各分 180°，以东的 180°属于东经，以西的 180°属于西经。

　　唐代高僧一行（683～727年），俗名张遂，魏州昌乐（今河南南乐）人，是唐代著名的佛学家和数学家，也是我国古代最杰出的天文学家之一。

　　一行的曾祖父张公谨是唐太宗李世民的开国功臣，他的父亲张檀曾做过县令，但是张氏家族在武则天时期已经衰微。一行出生在唐高宗永淳二年。

　　一行自幼聪颖过人，读书过目不忘；稍长，博读经史书籍，对于历象和阴阳五行尤其感兴趣。那时的京城长安玄都观藏书丰富，观中的主持道长尹崇，是远近闻名的玄学大师。一行前往拜谒，尹崇对于他的虚心求学极为嘉许，耐心地给予指导。

　　有一次尹崇借给一行一部汉代扬雄所做的玄学名著《太玄经》。可是没过几天，一行就把这部书还给了尹崇。尹崇很不高兴，严肃地对他说："这本书道理深奥，我虽已读了几遍，论时间也有几年了，可还是没有完全弄通弄懂。年轻人，你还是拿回去再仔细读读吧！"一行十分郑重地回答说："这本书我的确已经读完了。"然后，取出自己读此书的心得体会《大衍玄图》和《义诀》等交给尹崇。尹崇看后赞叹不已，称赞他是博学多识的"神童"。从此一行就以学识渊博闻名于长安。

　　武则天执政时，梁王武三思图谋不轨，四处网罗人才。一行为逃避武三思的拉拢，跑到嵩山，拜高僧普寂为师，剃度出家，改名敬贤，法号一行。普寂为了造就他，让他四处游学。从此，他走遍了大江南北的名山古寺，到处访求名师，一边研究佛学经义，一边学习天文历法、阴阳五行以及地理和数学等。唐代郑处诲的《明皇杂录》中记载

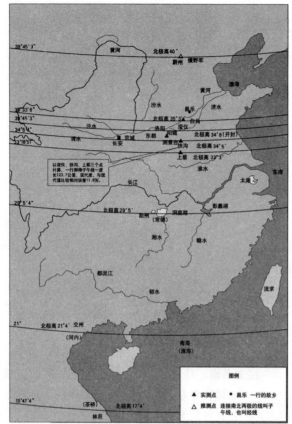

僧一行测量子午线示意图

724年，一行命人在河南地区测量日影长度和北极高度，并根据实测结果得知子午线1°的长度为351.27唐里，即现在的123.7公里。这是世界上第一次地面实测子午线的记录。

了一则故事，说一行不远千里，访师求学，受到在天台山国清寺驻锡的一位精通数学的无名高僧的指导。为他以后编制《大衍历》打下了良好的数学基础。

唐玄宗李隆基即位后，多次征召一行，他均以身体欠佳为由婉辞。717年，唐玄宗特地派他族叔张洽去接，他才回到长安。一行一到京城就被召见，唐玄宗问他特长，他说只是记忆力好些。唐玄宗当即让太监取宫人名册。一行看过一遍，就将宫里所有人的姓名、年龄、职务依次背出，唐玄宗大为叹服，恭称"圣人"，并让他做了自己的顾问。在长安期间，一行住在华严寺，有机会和许多精通天文和历法的印度僧侣交往，获得了许多印度天文学方面的知识。他与印度高僧一起研讨密宗佛法，翻译了很多佛教经典。

为了观测天象，一行在机械制造家梁令瓒的援助之下，创制出了黄道游仪和水运浑象等天文仪器。通过实际的观测，一行重新测定了150多颗恒星的位置，发现与古代典籍所载的位置有若干改变，现代天文学称之为"恒星本动"。

724～725年，一行主持了规模宏大的天文大地测量，测得了子午线1°的长，这是世界上首次实测子午线。

从725年起，一行历经两年时间编制成了《大衍历》(初稿)20卷，纠正了过去历法中把全年平均分为二十四节气的错误，是我国历法的一次重大改革。

开元十五年(727年)十一月二十五日，一行陪同唐玄宗前往新丰(今陕西临潼东北新丰镇)时病倒，当晚即与世长辞，时年44岁。玄宗敕令将他的遗体运

黄道游仪

唐一行和梁令瓒合制。由三重环圈组成：最外面的是固定的，包括地平（水平方向）、卯酉（东西方向）和子午（南北方向）三个环圈；中间一重也有三个环圈，包括赤道、白道和黄道，均可绕极轴转动；最里面是夹有窥管的四游环，可绕机轴转动，通过窥管对准天体即可测得其坐标值。

回长安安葬，并为他建筑了一座纪念塔。

实测子午线时，一行基本上按照隋朝刘焯的设计方案，派太史监南宫说在黄河南北选定四个地点（今河南的滑县、开封、扶沟、上蔡）进行实地测量，推翻了过去一直沿用的"日影千里差一寸"的谬论。一行根据测量的结果，经过精确计算，得出了"大率五百二十六里二百七十步而北极差一度半，三百五十一里八十步，而差一度"的结果。就是说，子午线每1°为131.11公里（近代测得子午线1°长110.94公里）。这实际上是世界上第一次实测子午线长度的活动，英国著名的科学家李约瑟一再称："这是科学史上划时代的创举。"

《旧唐书》对唐朝天文历法的记载

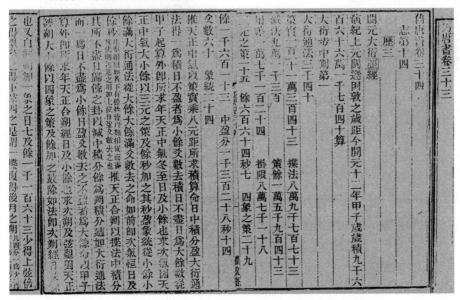

浑仪、浑象、
《大衍历》

Hun Yi Hun Xiang Da Yan Li

浑仪是我国古代的一种天文观测仪器，用来测定天体位置的坐标。在古代，"浑"字含有圆球的意思。因为古人认为天是圆的，形状像蛋壳，所以把观测天体位置的仪器就叫做"浑仪"。

—— 窥管   —— 赤道环
—— 子午环   —— 四游环

浑仪示意图

为了观测日月星辰的变化，制订天文历法，我国大约在战国时代就制造出了浑仪。作为一种天文学家测定天体方位必需的仪器，浑仪自汉代以来历朝都有制造和改进。

最初，浑仪的结构非常简单，由三个圆环和一根金属轴组成：最外面的那个圆环固定在正南北方向上，叫做"子午环"；中间固定着的圆环平行于地球赤道面，叫做"赤道环"；最里面的圆环可以绕金属轴旋转，叫做"赤经环"；在赤经环面上安装一根望筒，可以绕着赤经环中心转动。观测时用望筒对准某一天体，然后，根据赤道环和赤经环上的刻度来确定该天体的位置。

后来，人们为了便于观测太阳、行星和月球等天体，不断改进浑仪的结构和性能。方法是在浑仪内再添置几个圆环，也就是"环内再套环"，通过改进，使浑仪成为用途更多、更为精确的天文观测仪器。

在对浑仪进行重大技术改进的过程中，东汉科学家张衡和唐朝天文学家李淳风贡献巨大。改进后的浑仪由三重圆环构成：最外面一重圆环叫做六合仪，包括地平圈、子午圈和赤道圈三个圈，表示东西、南北、上下六个方向；中间的一重叫做三辰仪，包括黄道环、白道环和赤道环三个相交的圆环，分别表示日、月、星辰的位置；最里面的一重叫做四游仪，由四游环和窥管组成。三辰仪可以绕着极轴在六合仪里旋转，四游仪又可以在三辰仪里旋转。改进后的浑仪已经很完善，是当时世界上最先进的天文仪器之一。但是浑仪也有个缺陷，就是它的环圈重复，相互交错，遮掩了大片天区，缩小了观测范围。后来，元代杰出的天文学家郭守敬创造了简仪，即将浑仪拆分为赤道装置和地平装置两个独立的装置，弥补了这一不足。

浑象，又称天体仪，是我国古代一种用于演示天象的仪器。用它可以直观形象地了解日月星辰的相互位置和运动规律。

最早的浑象是西汉耿寿昌制造的，而有明确记载的浑象当属东汉张衡制造的水运浑象。张衡还在水运浑象上安装了一套传动装置，利用相当稳定的漏刻的水推动铜球均匀地绕金属轴转动。

浑象的主要组成部分是一个空心大铜球。球面上刻有纵横交错的网格，用于度量天体的位置；球面上凸出的小圆点代表天上的亮星，严格地按照亮星之间的相互位置标刻。整个铜球可以绕一根金属轴转动，转动一周代表一个昼夜。球面与金属轴相交于两点，即南天极和北天极。两个极点的指尖，固定在一个南北正立着的大圆环上。大圆环垂直地嵌入水平大圈的两个缺口内，下面四根雕有龙头的立柱支撑着水平大圈，托着整个天体仪。

浑仪和浑象这两种天文仪器的制造和改进，标志着天文历法的不断进步。天文仪器是历法改进的技术条件。为了制订《大衍历》，实

浑仪

测到精确数据，一行和梁令瓒在经过历代改进的浑仪和浑象的基础上，进行了更进一步的创新，合制出了黄道游仪和水运浑天仪等大型天文观测仪。

721 年，唐玄宗下令改历。一行耗费了 6 年，编订成《大衍历》初稿。经大臣张说与历官陈玄景整理，于 728 年颁行。依据天文台的实测校验，在 10 次测验中，《大衍历》有七八次准确，《麟德历》有三四次准确，而《九执历》只有一两次准确。《大衍历》比唐代已有的其他历法都更为精确。

《大衍历》最突出的贡献是比较正确地掌握了太阳在黄道上视运行速度变化的规律。按不等的时间间隔安排二十四节气，创造了不等间距的二次内插法。《大衍历》把我国历法归纳成七部分：第一，计算节气和朔望的平均时间（步中朔术）；第二，计算七十二候（步发敛术）；第三，日食和月食的计算（步交会术）；第四，计算太阳的运行（步日躔术）；第五，计算月亮的运行（步月离术）；第六，计算五大行星的运行（步五星术）；第七，计算时刻（步轨漏术）。

唐朝的"十部算经"

Tang Chao De Shi Bu Suan Jing

唐朝建立后，大力发展数学教育，设立算学馆，把数学作为与科举考试中明经、明法、明书、明字、进士等并列的六科之一，称作明算科。唐高宗时，李淳风等人受命整理数学典籍，注释《十部算经》。此工作于唐高宗显庆元年（656 年）完成，十部算经成为国子监学习和考试的"专用"教材。

十部算经是指以下十部数学典籍：《周髀算经》、《九章算术》、《海岛算经》、《孙子算经》，《张邱建算经》、《五曹算经》、《五经算术》、《夏侯阳算经》、《缀术》和《辑古算经》。十部算经集中反映了从汉至唐 1000 余年数学发展的成果，成为后世数学教学和研究的重要依据。

在十部算经里，《周髀算经》和《九章算术》前面章节已有专门论述（见本书第 67 页《〈周髀算经〉与〈九章算术〉》），两书都成书于汉代，是春秋战国到秦汉数百年数学成就的总结。《海岛算经》是西晋时期刘徽的著作，又名《重差》；《缀术》为祖冲之父子所撰，宋代已经失传（这两部著作在本书前文已有论述）。《孙子算经》大约成书于三四世纪，《夏侯阳算经》和《张邱建算经》约成书于五世纪，是两晋南北朝时期的作品。《五曹算经》和《五经算术》都是北周的甄鸾所著，其中《五曹》为官吏手册，内容没有超出《九章算术》；而《五经》倾向玄学，内容有限。《辑古算经》是唯一一部唐人作品，作者是初唐时期的王孝通。

唐朝中晚期实用算术的书籍

唐朝中晚期，人们对于简化筹算计算过程要求迫切，出现了很多实用算术的书籍，如《算法》（龙受益）、《一位算法》（江本）、《得一算经》（陈从运）等。其中《韩延算书》是唯一的存世之作。该书大约成于 770 年左右，共 3 卷，83 个例题，引证了不少算书和当时的法令，具有史料价值。

因为祖冲之父子所著的《缀术》在宋代已经失传，所以南宋宁宗嘉定六年（1213年）鲍澣三翻刻十部算经时，以《数学记遗》代之。清代戴震整理校订了这十部著作，1773年孔继涵刻印时，题名为《算经十书》；这是《算经十书》之名首次出现。

王孝通的《辑古算经》是唯一一部唐人作品。王孝通出身平民，少年时期开始潜心钻研数学，隋朝时以历算入仕，入唐后被留用。唐朝初年做过算学博士（亦称算历博士），后升任通直郎、太史丞。武德六年（623年）批评《戊寅元历》的缺点，武德九年（626年）又同大理卿崔善为一起，对该历做了许多校正工作。他的《辑古算经》约成书于626年前后，被用为国子监算学馆数学教材。

《辑古算经》全书1卷，共20题。第1题为推求月球赤纬度数，属于天文历法方面的计算问题；第2题至14题讲土木工程和水利工程相关的计算问题；第15至20题讲勾股问题。王孝通对自己的著作很自信，进呈皇帝时写了一篇《上辑古算经表》，说："如有排其一字，臣欲谢以千金。"这种态度当然不够谦虚，但是此书的实用价值和数学价值的确很高，是唐朝最好的算书。《辑古算经》的主要成就是介绍开带从立方方法（即求三次方程的正根），它集中体现了中国数学家早在7世纪就在建立和求解三次方程等方面所取得的重要成就。

李淳风等对于十部算经的注释，不仅修正了其中错漏的地方，而且使得这些古算书得以流传，其贡献非常巨大。在对《周髀算经》的注释中，李淳风等修正了经文和赵爽、甄鸾注中的缺陷；逐条校正了甄鸾对赵爽的"勾股圆方图"的误解。结合实际的观测，李淳风等指出《周髀算经》中南北相去1000里，日影长度相差1寸不准确；指出赵爽用等级计算二十四节气日影长不正确。在对《九章算术》的注释中，他们引用了祖暅对于球体积的研究成果，为后世保存了资料。在对《海岛算经》的注释中，详细给出了解题的演算步骤。当然，因为认识的不足，他们的注释中难免存在不少的缺点和错误，譬如对刘徽工作的意义认识不足，指摘不当等。

王孝通和李淳风无疑都是唐朝杰出的数学家，对数学的发展做出了自己的贡献。而且，无可否认，盛唐设立算学馆、明算科、整理十部算经等举措，为宋元数学的鼎盛创造了条件。

震天雷与突火枪

Zhen Tian Lei Yu Tu Huo Qiang

史载，北宋末年，中国的火器专家们制造出了陶制和铁制的"震天雷"和竹质管形"突火枪"。这两种火器在战争中主要用于攻坚或守城。其爆炸威力较大，声音巨大，不仅能杀伤敌人，而且能在声势上起到威吓敌人的目的。

1126年，宋朝大将李纲守开封时，就曾用震天雷等火器击退金兵的围攻；1132年，陈规守德安，抵御李横时就使用了"以火药炮"制造的"长竹竿火枪"二十余条，长竹竿火枪稍加改进就是突火枪。据记载，在1259年，今安徽寿春地区就有人制成突火枪。在《宋史·兵志·器甲之制》中说，突火枪"以巨竹为筒，内安子窠，如烧放，焰绝石子窠发出，如炮声，远闻百五十余步"。攻金的蒙古军队惟畏惧震天雷和突火枪二物。

震天雷是一种火炮，是陶或铁壳类的爆炸性兵器。点燃火药后，蓄积在炮内的气体压力增大，爆炸时威力巨大，能穿甲铁。《金史》这样描述道："火药发作，声如雷震，热力达半亩之上。人与牛皮皆碎迸无迹，甲铁皆透"。震天雷就是今天炸

北宋竹火器模型

北宋喷火兵器猛火油柜模型

蒙古西征中的火器运用

蒙古军队在西征中大量采用震天雷、轰天雷等新式火器。所到之处，势如破竹，先后攻克了布拉格和莫斯科，席卷东欧，一直打到多瑙河流域。当时蒙古人所用的大炮在欧洲人眼里就像今天的原子弹、氢弹那么厉害。

弹的前身。

突火枪又名突火筒，一般由竹筒制成，内置子窠。火药点燃后产生强大的气体压力，把"子窠"射出去。"子窠"就是原始的子弹。突火枪开创了管状火器发射弹丸的先例。突火枪就是现代枪炮的前身。突火枪等管状火器的发明是武器史上的一大飞跃。

震天雷和突火枪这些火器都离不开火药，火药的出现促成了这些火器的诞生。

火药是中国四大发明之一，它的起源与炼丹术有着非常密切的关系。唐代药王孙思邈在他的著作中明确给出了用硫黄、硝石和木炭混合的火药配方，也是最早的火药配方。

硫黄、硝石都是用来治病的药（《神农本草经》里列为重要药材），这两种药和木炭混合在一起就能着火，因而将其称为"火药"。硫黄的化学性质很活泼，很容易起化学反应。硝石的主要成分是硝酸钾，受热产生氧气，有很强的助燃作用。火药是古代炼丹家在炼丹时无意中配制出来的。

黑火药，又叫褐色火药，是由硝酸钾、硫黄和木炭粉末混合而成。这种混合物很容易燃烧，而且烧起来相当激烈。大家都知道火药燃

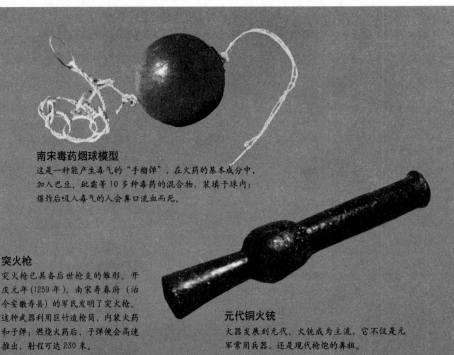

南宋毒药烟球模型
这是一种能产生毒气的"手榴弹"，在火药的基本成分中，加入巴豆、砒霜等10多种毒药的混合物，装填于球内；爆炸后吸入毒气的人会鼻口流血而死。

突火枪
突火枪已具备后世枪支的雏形。开庆元年(1259年)，南宋寿春府（治今安徽寿县）的军民发明了突火枪。这种武器利用巨竹造枪筒，内装火药和子弹；燃烧火药后，子弹便会高速推出，射程可达230米。

元代铜火铳
火器发展到元代，火铳成为主流，它不仅是元军常用兵器，还是现代枪炮的鼻祖。

烧时能产生大量的气体，主要是氮气和二氧化碳。假如是在密闭的容器内燃烧，体积突然猛增至几千倍，这时容器就会爆炸。火器就是利用火药燃烧产生爆炸的性能制造出来的。

　　唐代的火药配方中硫和硝的含量是 1：1；宋代为 1：2，甚至接近 1：3。已经和后世黑火药中硝占 3/4 的配方相近。在制造和使用时，火药中还可加入少量的辅助性配料，以达到易燃、易爆、放毒和制造烟幕等效果。

　　两宋时期，民族矛盾和阶级矛盾都十分尖锐，战争连绵不断。火药和火药武器在这一时期得到了巨大的发展。政府设置军器监，专门生产火药和火器，制成了作战用的烟球、蒺藜火球和火炮等火器。宋代的农民起义军也自行制造火药武器，并有很多创造。像前文中的突火枪，就是在战争中发明的。火器被用于战争之中，具有划时代的意义。火药兵器在战场上的出现，带动了战场从冷兵器阶段向使用火器阶段的过渡，预示着军事史上将发生一系列的变革。

　　火药和火器随着成吉思汗的西征首先传入中东。阿拉伯人仿照中国的突火枪，造出了木质管形射击火器，称为"马达发"。1260 年，阿拉伯人掌握了火药的制造和使用方法，用火药推动的弩箭被称作"中国箭"。而英、法等欧洲各国则直至 14 世纪中期才有应用火药和火器的记载。

　　恩格斯明确指出："火药和火器的使用，绝不是一种暴力行动，而是一种工业的，也就是经济的进步。"此言非虚。

水底龙王炮模型
将装有火药的铁雷密封在牛尿泡中，绑缚在竹木排上，下坠石块使其悬浮在水中，水面有雁翎做的浮，浮与雷之间有羊肠相连通气。雷用信香引火起爆。

群豹横奔箭模型
这种火箭一次可以发 40 支，射程达 400 多步，如野战遇敌，可用多匣陈列于前，以杀伤敌人。

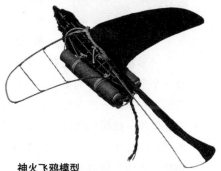

神火飞鸦模型
长 56 厘米，是以扎制风筝的形式，结合火箭推动的原理发明的燃烧弹。用竹篾扎成乌鸦形状，内装火药，由 4 支火箭推动，可飞行 300 多米，多用于火战。

毕昇发明
活字印刷术

Huo Zi Yin Shua Shu

众所周知，印刷术是我国古代的四大发明之一。隋唐时期出现的雕版印刷术，是最初的印刷模式（见本书第 116 页《雕版印刷术》）。雕版印刷虽然比手抄书写要快很多倍，质量也提高很多，但还存在着不少的缺陷。

雕版印刷要花费大量的木材，而且用版量很大，不仅存放不便，不好管理，出现错字也不易更正；而且雕版用过之后就变成废物，造成资源的浪费。

北宋庆历年间（1041～1048 年），印刷术取得了重大突破。布衣发明家毕昇发明了活字印刷术。活字印刷术弥补了雕版印刷术的不足，大大节省了人力、物力和财力，非常方便快捷。活字印刷术的发明是印刷术发展史上一项具有划时代意义的创造。

关于活字印刷术的发明者毕昇，历史缺少记载，仅能从沈括的《梦溪笔谈》中知道他是庆历年间的一介布衣，生平籍贯均付阙如。毕昇死后，他的活字印被沈括的"群从所得"。

毕昇雕像

《梦溪笔谈》里记载，活字印刷的程序为：首先选用质地细腻的胶泥，刻成一个个规格统一的单字，然后用火烧硬，即成胶泥活字；把活字分类放在相应的木格里，一般常用字，如"之"、"也"等字要备用几个至几十个，以备重复使用。排版的时候，在一块带框的铁板上面敷上一层用松脂、蜡和纸灰之类混合制成的药剂，接着把需要的胶泥活字从备用的木格里拣出来，按文字顺序排进框内，排满就成为一版；排好后再用火烤，等药剂开始熔化的时候，用一块平板把字面压平，等到药剂冷却凝固后，就成为固定的版型。这样就可以涂墨印刷了。印完之后，再用火把药剂烤化，用手一抖，胶泥活字就可以从铁板上脱落下来，下次可以再用。

　　毕昇首创的泥活字版，使书籍的大量印刷更为方便。《梦溪笔谈》说"若印十百千本，则极为神速"。活字印刷，还可以一边印刷，一边排版，胶泥活字还可重复使用，实在是既节省了时间，又节省了材料。活字印刷术的方便快捷由此可见一斑。

　　毕昇之所以能够发明活字印刷术，来源于他对于生活的耐心观察、思考和体悟。有个有趣的小故事说，毕昇发明活字印刷是受了他两个儿子玩过家家的启发。他的师兄弟们不明白为什么毕昇那么幸运地发明活字印刷术，师傅开口了："毕昇是个有心人啊！你们不知道他早就在琢磨改进工艺了。冰冻三尺，非一日之寒啊！"

　　毕昇在发明泥活字印刷的过程中，还研究过木活字排版。但是由于他所选用的木材的木质比较疏松，刷上墨后，受湿膨胀不均，干了还会缩小变形，加上不能和松脂药剂粘连，因此没有采用。后来经过人们的反复试验和研究，木活字印刷最终获得了成功。元代的农学家王祯造木活字3万多个，排印自己编撰的书。可以说，毕昇的早期探索，在某种程度上启发了木活字的发明者。

　　毕昇的创造和探索，开了后世一系列材料活字的先河。南宋时，出现了铜活字。南宋末或元初，有人使用铸锡活字。明代出现了铅活字。清代，山东徐志定使用瓷活字印刷。这些活字都是在毕昇的胶泥活字基础上进行的改进。

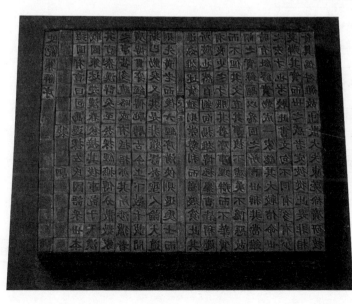

泥活字版模型
毕昇发明的泥活字印刷术，成为近代活字印刷术的滥觞。

转轮排字盘模型

活字印刷术的发明和使用，不仅大大推动了中国印刷业的发展，而且对于世界文明的发展产生了巨大的影响。从 13 世纪开始，活字印刷术开始由中国传入朝鲜、日本等地，后来又经由丝绸之路传入波斯和阿拉伯，再传入埃及和欧洲。大约在 1450 年左右，德国人古登堡受活字印刷的影响，发明了铅、锡、锑的合金活字印刷。活字印刷术的传入，为欧洲的文艺复兴和近代科学的兴起提供了重要的物质条件。

活字印刷术的发明，促进了人类文化知识广泛的传播和交流，大大推动了世界文明的发展。

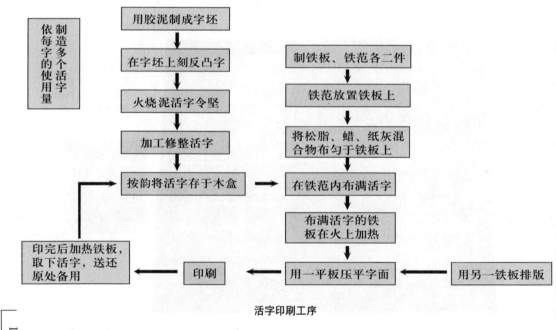
活字印刷工序

光照千古的苏颂

Guang Zhao Qian Gu

苏颂（1020～1101年），字子容，泉州（今福建一带）人，后迁居润州丹阳（今江苏镇江一带），是我国宋代著名的药学家和天文学家。

苏颂自幼聪颖过人，5岁就能背诵经书和诗文。10岁随父入京，学习勤奋刻苦。宋庆历二年（1042年），22岁的苏颂与王安石同榜中进士。

苏颂开始被授予汉阳军（今湖北武汉市汉阳）判官职，没有去赴任，后来改补宿州（今安徽宿县）观察推官，之后又调江宁任知县。苏颂在任内为官清廉，合理征收赋税，积弊为之一清。

宋仁宗皇祐三年（1051年），苏颂出任南京留守推官等职。他办事谨慎周密，很受当时任南京留守的欧阳修赏识。

宋仁宗皇祐五年（1053年），苏颂调到京城开封，任职馆阁校勘和集贤校理，负责编定书籍。在这段大约9年多的时间里，苏颂不仅博览了各种藏书，而且还每天背诵二千言。他对诸子百家、阴阳五行、天文历法、山经本草和训诂文字，无所不通，成为一位学识渊博的学者。

宋神宗熙宁三年（1070年），苏颂主持礼部贡举。王安石要越级提拔秀州判官李定到朝中任太守中允，神宗让苏颂起草诏令，苏颂认为不合任官体制，断然拒绝，结果被罢免了知制诰的职务，外放婺州为官。元丰四年（1081年），苏颂受命搜集整理邦交资料，历时2年，写成《华戎鲁卫信录》250卷。

元丰八年（1085年），宋哲宗即位，十一月，诏命苏颂制作水运浑仪，费时6年制成。绍圣初年（1094～1096年），苏颂又与韩廉全撰写《新仪象法要》3卷。在这十几年的时间里，苏颂被擢升为刑部尚书和尚书左丞，后来官至宰相。元祐八年（1093年）苏颂辞去官职，绍圣四年（1097年）又被启用，封太子少师。徽宗建中靖国元年（1101年）五月夏至后一日，苏颂在丹阳家中病逝。次年葬于丹徒王洲山，赠司空，后追封魏国公。

苏颂一生政绩卓著，但是他的科学成就更为突出。他在药物学和天文学以及机械制造学方面取得了杰出的成就，被英国科技史家李约瑟称赞为"中国古代和中世纪最伟大的博物学家和科学家之一"。

在药物学方面。苏颂与张禹锡、林亿等编辑、校正出版了《备急千金方》、《神农本草》、《灵枢》、《素问》、《针灸甲乙经》等 8 部医书，对于医药知识的整理和保存贡献巨大。嘉祐二年（1057 年），苏颂还独立编著了《本草图经》21 卷，集历代药物学著作和中国药物普查之大成。《本草图经》共记载了 300 多种药用植物和 70 多种药用动物及其副产品，分类细致，图文并茂。

在天文学和机械制造学方面，苏颂复制了水运浑仪，并创制了一座大型综合性的水运仪象台。仪象台以水力为动力，集天象观察、演示和报时三种功能于一身。活动屋顶、每昼夜自转一周的"浑象"和擒纵器分别成为现代天文台的圆顶、转仪钟和现代钟表的起源。苏颂又写了《新仪象台法要》3 卷，以图文并茂的方式，详细地介绍了水运仪象台的设计及使用方法，并绘制了我国现存最早最完备的机械设计图。苏颂创制的水运仪象台和撰写的《新仪象台法要》，反映了我国古代天文仪器制作的最高水平。

苏颂创制的水运仪象台，是 11 世纪末我国杰出的天文仪器，也是当时世界上最先进的天文钟。

假天仪（北宋）

苏颂根据古人"地在天中，天转而地静"的观点，造成大型天文演示仪器——假天仪。他在假天仪的黑暗球体内，按照星星位置穿凿小孔，当人进入假天仪球体内，自然光就会透过小孔，造成模拟的天空星象。

苏颂的水运仪象台

1092 年，苏颂建造了第一台机械时钟，目的是为了给皇家占星算命提供数据。 一台巨大的水车，上面装有每一刻钟就注满水的斗，由水车来带动 35.65 尺高的所谓"水运仪象台"。机轮转动五层平台上的木人，从塔楼的正面清晰可见。木人每隔一刻钟击鼓报时，每个时辰鸣钟报时。时钟的齿轮也转动浑仪。浑仪的上面安有活动的顶棚，可以同步跟踪行星的运行。水运仪象台是一座底为正方形、下宽上窄的木结构建筑，台高约 12 米，底宽约 7 米，共分为三隔。 上隔是一个露天的平台，放置浑仪和主表，用以观天。中隔是一间没有窗户的"密室"，里面放置浑象。每一昼夜转动一圈，真实地显示了星辰的起落等天象的变化。下隔设有向南打开的大门，门里装置有五层木阁，木阁的后面是一套机械传动装置。第一层木阁负责全台的标准报时；第二层木阁负责报告十二个时辰的时初、时正名称，相当于现代时钟的时针表盘；第三层木阁专刻报的时间，共有 96 个司辰木人，其中有 24 个木人报时初、时正，其余木人报刻；第四层木阁报告晚上的时刻；第五层木阁装置有 38 个木人，报告昏、晓、日出以及几更几筹等详细情况。五层木阁里的木人，靠着一套复杂的机械装置"昼夜轮机"带动，能够准确地报时。

沈括与《梦溪笔谈》
Meng Xi Bi Tan

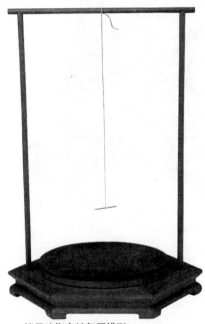

缕悬法指南针复原模型

缕悬法指南针复原模型高 38 厘米、底盘各边长 21.5 厘米。将磁针用蜡粘接在独根蚕丝上，悬挂于木架正中；架下放置方位盘，盘上用八天干、十二地支与四卦标示二十四方位。磁针垂直于方位盘正中上方，因地磁作用，静止时两端分指南北。这种指南针非常灵敏，缺点是只能在平静或无风处使用。

沈括（1031～1095 年），字存中，钱塘（今浙江杭州）人，是北宋时期杰出的政治家和军事家，也是我国历史上一位卓越的科学家。

沈括自幼勤奋好学，14 岁就读完了家中所有的藏书。少年时代的沈括随其父沈周四处宦游，增长了许多见识。沈括 12 岁时，沈周在泉州为他延请老师，对他进行专门辅导。18 岁时，沈括在南京学习医药学，并产生浓厚的兴趣。1051 年，沈周在杭州去世。沈括守孝 3 年期满，以父荫做了海州沭阳县主簿，开始步入仕途。以后历任东海、宁国、宛丘等县县令。

治平元年（1064 年），沈括考中进士，被任命为扬州司理参军。治平三年（1066 年），沈括入京，任职昭文馆编校，致力于天文历算的研究。熙宁五年（1072 年），兼任提举司天监，职掌观测天象。这段时间，他修订新历，创制天文仪器。

沈括入仕后成为王安石变法的忠实支持者，是变法的骨干。他积极参与变法，做了大量重要具体的工作，深受王安石的器重。

元丰三年（1080 年），沈括出知延州（今陕西延安），成为军事统帅。在次年的西夏军的侵袭中，沈括机智地挫败了西夏 7 万大军，稳定了边境局势。

地磁偏角示意图
沈括以缕悬法指南针做试验时，观察到磁针的指向并不是正南正北，而是南端微微偏东，从而在世界上首先发现了地磁偏角。

元丰五年（1082 年），由于徐禧没有采纳沈括的建议，强行修筑永乐城。结果，九月永乐城被西夏军攻破，宋军损失 1 万多人。虽然沈括保住了绥德，阻止了西夏军的前进，但还是遭到保守派的构陷，于同年十月被罢官。

沈括被罢官后，做过均州团练副使，实际上等于被软禁，没有自由；直到元祐三年（1088 年）八月进投《天下州县图》，才重获自由。嗣后沈括退居润州，筑梦溪园，汇集平生见闻，撰写《梦溪笔谈》。约于 1095 年病卒，终年 64 岁。

沈括所著的《梦溪笔谈》，是笔记体著作，共 26 卷，分为故事、辨证、乐律、象数、人事、官政、权智、艺文、书画、技艺、器用、神奇、异事、谬误、讥谑、杂志、药议 17 个门类共 609 条。内容涉及天文学、数学、地理、地质、物理、生物、医学和药学、军事、文学、史学、考古及音乐等诸多学科。

《梦溪笔谈》是中国科学技术史上的重要文献、百科全书式的著作。其杰出成就表现在以下几个方面：

在天文历法方面。作者改造了浑仪、浮漏、圭表等天文仪器，并利用改进的仪器，连续观测 3 个月，绘制星图 200 余幅，得出了极星离天极 3° 有余的结论；利用改进后的浮漏，进行 10 余年的测量，第一次从

沈括的科学思想和治学方法

沈括很重视对事物的观察。在他早年宦游的地方，都进行了认真的考察和研究，并做了详细的记录。沈括还重视科学的实验和验证。关于凸、凹面镜成像和小孔成像以及声音共振的研究都是他经过亲自试验得来的。实事求是、谦虚谨慎是沈括的治学态度。如果研究之后，还不明白其中道理的话，他也会如实做记录，并注明不明白的原因。即使是自己的推测和猜想，也会说明。

理论上推导出冬至日长度"百刻而有余"、夏至日长度"不及百刻"的结论。另外，书中还记载了作者首创的"十二气历"。

在数学方面。记载了作者首创的隙积术和绘圆术，开辟了我国传统数学新的研究方向。

在地质地理方面。记有浙江雁荡山的地貌特征，并指出是流水侵蚀作用造成的；又记述了河北太行山的山崖间发现蚌壳之化石，从而推断出华北平原乃泥沙淤积而形成。

在物理学方面。记有指南针发明和应用以及地球磁偏角的发现等重要事件；记述有作者关于球面镜成像的实验；还记述有演示月亮盈亏的模拟实验以及演示声音共振的实验等。

在化学方面。记载有利用钢铁离子置换反应；记载有湿法冶铜方法"胆铜法"，以及灌钢法和冷锻铁甲法。

在医药学方面。记述有人体解剖生理学，还论述了人体新陈代谢的原理。也记述有大量植物、矿物药物的特征、性味和功效等。

沈括是一位学识渊博和成就卓越的自然科学家。日本数学家三上义夫称赞沈括说："沈括这样的人物，只有在中国才会出现。"英国著名科技史家李约瑟也认为沈括是"中国科学史上最奇特的人物"，而《梦溪笔谈》是"中国科学史上的坐标"。

沈括梦溪园

《清明上河图》
中的东京城

Qing Ming Shang He Tu

　　传世名画《清明上河图》是真实反映北宋风俗的一件绘画作品。作为国家一级国宝，该画现藏于北京故宫博物院。作者张择端，字正道，东武（今山东诸城）人，是宋徽宗时著名的宫廷画家。

　　《清明上河图》形象地描绘了清明时节北宋京城汴梁以及汴河两岸的繁华景象和自然风光。其可贵之处在于真实记录了当时东京城的概况，使后人能历经千载，在历史的尘埃里，依稀窥见其风采与辉煌。

　　东京城也叫汴梁城，或是汴京城，是北宋经济、政治和文化的中心。从宋仁宗时开始，取消夜禁，百业兴旺，成为"富丽天下无"的大都会。东京城人口最多时达 130 万，是 10～12 世纪世界上最大的城市。

　　东京创建于春秋时期（前 770～前 476 年）。公元前 362 年，魏国迁都于此，称为大梁。到了唐代成为中原地区的一座州城，经过改筑扩大，周回达到 20 里 150 步（一步 5 尺），后来成为东京城的内城。五代时期（907～960 年）曾成为地方政权的都城，称为汴京。后周显德三年（956 年）对汴京又进行了较大规模的改建，开拓街坊，展宽道路，加筑外城。经过扩大，周回达 48 里 233 步。

　　北宋统一全国后，认为汴京建筑基础好，地理位置优越，于是定都在此，号称东京。嗣后建隆三年(962 年)，"广黄城东北隅，命有司画洛阳宫殿，按图修之"。再往后又经过数次扩建，周回达到 50 里 165 步。

《清明上河图》里东京城的桥梁

　　东京城的桥梁很多，在张择端《清明上河图》里，城东门外数里之外的汴河上有一座有名的木桥，名叫"虹桥"。它横跨在汴河之上，结构精巧，形式优美，宛如飞虹，是一座规模宏大的木质拱桥。为了便于船只通行，设计为单孔，中间不立柱。这种设计反映出了我国古代桥梁建筑的高水平。

《清明上河图》中的东京城桥梁

建筑学名著《营造法式》

北宋李诚所著。是我国古代最全面、最科学的建筑学著作，也是世界上最早、最完备的建筑学著作。全书有 36 卷，357 篇，3555 条，是当时中原地区官式建筑的规范。《营造法式》的问世，是宋代建筑技术向标准化和定型化方向发展的标志。

北宋的东京城，整体平面呈南北略长的方形，其中东墙长 7660 米，西墙长 7590 米，南墙长 6990 米，北墙长 6940 米。东京城的中心部分为皇城，又叫宫城，是皇宫大内。东南西北各有四道门。内城环卫在皇城四周，其南北各为三道门，东西为两道门。最外面的是外城，又称为罗城。外城城垣"坚如埏埴，直若引绳"，护城壕宽达 10 余丈，其东西南三面皆为三门，北面为四门，共计 13 门。此外还有专供河流通过的水门 6 座。

全城道路从市中心通向各城门，主干道称为御街。总体采用经纬式布局。南北有 3 条主干道，其中南北中轴线上的御街由宫城正南门直达外城正南门，宽 200 多步；另外两条分列两侧，亦是直贯南北。东西有一条主干道，位于皇城的南侧，直贯东西。除此之外，还有一些次干道和次要道路和大道相连，构成了纵横交织、四通八达的道路网络。

东京城的河流系统也很发达，河道成了城市重要的经济供给线，史称"四水贯都"。这 4 条河流分别指汴河、蔡河、五丈河和金水河。外城、内城和宫城的城墙外都有护城河，四水通过护城河相互沟通，又能独立互不干扰，水运网络非常科学和便捷。其中金水河直通宫城，宫廷用水和物资运送都很方便。

东京城因袭五代的旧城，没有了唐代封闭的里坊，取而代之的是开放的坊巷骨架。其主要干道御街发展为繁华的商业街，其中南北中轴线的御街两旁还设有御廊，允许商人交易。住宅区与商业区既能分段布置，以州桥为界，泾渭分明；又可以相互混杂，合理并存。商业区分布甚广，反映了北宋经济的繁荣。

东京城代表了宋代建筑的特色。宋代对内加强中央集权，重文轻武；对外采取和亲纳币的妥协政策。此时理学盛行，大力鼓吹"扬理抑欲"。在这种精神的影响之下，宋代的建筑，丧失了汉唐建筑雄浑的气势，体制和规模随之变小，仅仅在建筑结构上追求绚烂而富于变化，呈现出细致柔丽的独特风格。

规模庞大的北宋东京宫殿（绘画）

五大名窑的
"千峰翠色"
Wu Da Ming Yao

影青雕镂卷草纹香熏

宋元瓷器天下闻名，遍布全国，除了定窑、磁州窑、钧窑、耀州窑、景德镇窑、赵窑、龙泉窑、建阳窑这八大名窑外，还有许多名窑星罗棋布于神州大地。就在这些瓷窑的缕缕青烟中，光彩夺目、仪态万方的瓷器源源不断地被烧制出来。

瓷器是中国独创性的发明创造，中国被称为"瓷器的国度"。瓷器发展到宋代，进入了一个全面发展的辉煌时期。

宋瓷有官窑和民窑之分，有南北地域之分。所谓官窑，就是国家办的窑，专门为皇宫、王室生产用瓷；所谓民窑，就是民间办的窑，生产民间用瓷。官窑瓷器，不计成本，精益求精，窑址和生产技术都严格保密，工艺上精美绝伦，传世的瓷器多是稀世珍品。民窑瓷器看重的是实用和使用价值，生产者要考虑成本，没有官窑讲究，虽然普通也不乏珍品。两宋时期，民窑与官窑交相辉映，蔚为奇观，堪称"千峰翠色"。

宋瓷窑场首推五大名窑，即汝、官、钧、哥、定。闻名于世的五大名窑，说明我国的陶瓷制造业在宋代已经达到了顶峰。

五大名窑之说，始见于明代皇室收藏目录《宣德鼎彝谱》的记载："内库所藏柴、汝、官、哥、钧、定名窑器皿，款式典雅者，写图进呈。"清代许之衡在《饮流斋说瓷》中说："吾华制瓷可分三大时期：曰宋，曰明，曰清。宋最有名者有五，所谓柴、汝、官、哥、定是也。更有钧窑，亦甚可贵。"因为柴窑至今没有发现窑址，又没有实物传世，所以通常把钧窑列入，与汝、官、哥、定并称为宋代五大名窑。

汝窑是宋代的五大名窑之一，以地处汝州（今河南宝丰）而得名，是官窑。北宋后期，汝窑专为宫廷烧造御用瓷器，即"汝官窑"。陆游《老学庵笔记》中曾有"故都时，定窑不入禁中，惟用汝器"的记载。南宋时周辉在《清波杂志》说："汝窑宫中禁烧，内有玛瑙为釉，唯供御拣退，方许出卖，近尤难得。"汝窑所烧陶瓷精美绝伦，在中国陶瓷史上享有盛誉。可惜很多汝瓷毁于宋金战乱，宋代汝瓷传世品全世界仅有60余件，被北京故宫博物院以及上海、台北、英国、日本等博物馆收藏，是举世公认的稀世珍宝。汝瓷的特点是胎质细腻，俗称"香灰胎"。其工艺考究，用名贵玛瑙入釉，色泽独特，能够随光变幻。

官窑分为北宋和南宋官窑，窑址先在开封，后迁杭州。考古发现，北宋的官窑在河南汝州张公巷，南宋的官窑在杭州市老虎洞下层。宋代官窑瓷器胎骨坚薄，追求质朴无华，釉色翠美清新，腴润如脂；其特色是釉面布满纹片，这种釉面裂纹原是瓷器上的一种缺陷，后却成为别具一格的装饰方法并名噪一时。历代对官窑评价很高，清代陈浏在《陶雅》中赞美道："宋官窑者绝不经见，世人罕有识之者。"

钧窑是宋代异军突起的名窑，以古钧台（今河南省禹州的钧台及八卦洞）而名，属官窑。钧窑烧造一种复杂的花釉瓷，宋徽宗将之定为御用珍品。钧瓷胎质细腻坚实，造型端庄古朴。其釉色五彩斑斓，通过"入窑一色，出窑万彩"的"窑变"，形成丰富多彩的图画。钧瓷贵在窑变画，画为天然，故有"钧瓷无双"之誉。

哥窑是宋代著名的民窑，至今窑址尚未

宋朝著名瓷窑分布图

窑址
宋朝界线

黄河

定窑
磁州窑

耀州窑

开封
官窑
钧窑
汝窑

长江

杭州

龙泉窑
及哥窑
景德镇窑

建阳窑

汝窑窑址遗迹

宋元瓷器主体格局依旧是北白南青两大体系，但实际上则是交汇融合，更趋丰富多彩。南方的瓷器在瓷土的选用上有了很大的进展，胎体相当洁白，远胜于以往。北方的窑炉小，于是就有"覆烧工艺"的发明。

影青加彩观音像
这是南宋景德镇窑的制品，胎质洁白，衣襟、袖口及部分璎珞处施青白釉，釉面光润。面部、手、冠、衣、裙等部皆涩胎无釉，用胎色来表达观音的脸和手，以使更接近肤色。

确定，有三种观点，分别认为在龙泉、杭州和景德镇。据史料记载，浙江龙泉章氏二兄弟各建一窑，哥哥建的窑称为"哥窑"，弟弟建的窑称为"弟窑"，也称章窑或龙泉窑。哥窑瓷器胎骨较厚，胎质细腻，里外披釉，釉面浑厚滋润。其最显著的特征是大开片中套小裂纹，即"金丝铁线"。传世者弥足珍贵，现主要藏于北京、上海、台湾等地博物馆。

定窑被列为宋代五大名窑之首，在五大名窑中是唯一烧造白瓷的窑场，以宋属定州（今河北曲阳）而得名，是著名的民窑。定窑始烧于唐而终于元，主要以烧白瓷为主，兼烧黑瓷、酱釉瓷和绿釉瓷等品种。白釉以刻花、印花等装饰手法来美化器物，可谓独步一时。定窑工匠采用覆烧法（一个匣钵内利用多层垫圈可放数件器物），烧成的瓷器盘碗口无釉，俗称"芒口"。采用"覆烧工艺"是定窑的首创。

北宋五大名窑及其产品特色

钧窑　　主要生产青瓷。以釉色晶莹著称，瓷器上没有特别的装饰，十分清雅。

汝窑　　主要生产印上花纹的青瓷。

官窑　　生产宫廷瓷器，不流入市场。财力雄厚，产品十分精巧。

哥窑　　主要生产黑胎瓷器，瓷器的表面有很多裂纹。

定窑　　主要生产白瓷，并在瓷器上印上或刻上各式花纹，如动物、花鸟等。

宋元数学四大家

Song Yuan Shu Xue Si Da Jia

　　中国古代数学经过从汉到唐1000多年的发展，在宋元时期（10～14世纪）达到了最高峰。宋元时期是以筹算为主要内容的中国古代数学的鼎盛时期，其发展速度之快、数学著做出现之多和取得成就之高，都可以称得上是中国古代数学史上最光辉的一页。尤其是从13世纪中叶到14世纪初叶，短短几十年的时间里，陆续出现了秦九韶、李冶、杨辉和朱世杰四位著名的大数学家；他们是宋元数学的杰出代表。

　　秦九韶（1202～1261年），字道古，鲁郡（今山东兖州）人，生于四川。青年时代，秦九韶随父亲来到临安（今浙江杭州），学习天文历法和数学。宝庆元年（1225年），秦九韶随父返回四川，绍定六年（1233年）前后做过县尉。

　　端平二年（1235年），秦九韶离开四川。后来做过蕲州（今湖北蕲春）通判及和州（今安徽和县）守。淳祐四年（1244年）担任建康通判；同年十一月，因母丧回家守孝。在守孝的3年时间里，秦九韶埋头著述，于淳祐七年（1247年）完成巨著《数书九章》。时人称赞秦九韶"性极机巧，星象、音律、算术以及营造等事无不精究"。

　　守孝期满后，秦九韶又去做官，开始热衷于功名利禄。他攀附权臣贾似道，于宝祐六年（1258年）任琼州（今海南海口）守。后又追随吴潜，于开庆元年（1259年）任司农寺丞。景定元年（1260年），吴潜罢相，秦九韶受到牵连，被贬梅州（今广东梅县），不久死在任所。

　　《数书九章》共18卷81题，按用途分为大衍、天时、田域、测望、赋役、钱谷、营建、军旅、市易9类。该书突出的成就是对"大衍求一术"（整数论中的一次同余式解法）和"正负开方术"（数字高次方程的求正根法）的研究；其中的"大衍求一术"在世界数学史上占有崇高的地位。

　　李冶（1192～1279年），生于金代大兴城（今北京）的一个官僚家庭。童年的李冶独自在元氏（今河北元氏）求学。1230年，李冶往洛阳应试，中词赋科进士。初授高陵（今陕西高陵）主簿，没有赴任，后担任钧州知事。1232年，蒙古军攻破钧州城，李冶弃职隐居晋北峰山（今山西绛县）一带。在此期间，他完成了数学名著《测圆海镜》。

1251 年左右李冶回到元氏，并在封龙山买下田产。与张德辉和元裕的交往最密，当时人称"龙山三老"。

1257 年 5 月，忽必烈召见李冶于上都（今内蒙古多伦附近）。他的回答得到忽必烈的赞赏。1261 年，忽必烈征召李冶，遭到拒绝。1265 年李冶被召为翰林学士，任职 1 年，以老病辞去。辞职后李冶隐居封龙山，1279 年卒。

《测圆海镜》共 12 卷，收 170 个问题，是最早记述"天元术"的著作。李冶还写了《益古演段》，共 3 卷 64 个问题，是学习"天元术"的入门书。

杨辉（约 13 世纪中叶），字谦光，杭州人。生平事迹史载很少。他一生中写过许多数学著作，有《详解九章算法》12 卷、《日用算法》2 卷和《杨辉算法》7 卷。在这些著作里收录了不少现已失传的、古代各类数学著作中非常有价值的算题和算法，为后世保存了十分宝贵的古代数学资料。

朱世杰（约 13 世纪末 14 世纪初人），字汉卿，号松庭，河北人。他著的《四元玉鉴》和《算学启蒙》是我国古代数学发展进程中的一个重要里程碑。既有以天元术和高次方程的解法等为代表的北方数学成就，也有日用和商用算法、各种歌诀等南方数学的成就。朱世杰不仅全面继承了中国古代数学的光辉遗产，而且还做出了创造性的贡献。

宋元四大数学家所取得的辉煌成就再次证明：宋元数学是中国传统数学的高峰，代表着当时世界的先进水平，在世界范围内处于遥遥领先地位。

开方作法本源图

此图也叫任意高次幂二项式 $(a+b)^n$ 定理系数表，是北宋数学家贾宪首先求出，南宋数学家杨辉将它收入自己的著作《详解九章算法》中。图中从第 3 行至第 7 行的各个数字，依次是 $(a+b)^2$、$(a+b)^3$、$(a+b)^4$、$(a+b)^5$、$(a+b)^6$ 展开后各项的系数。各行数字有规律可循，按此规律能将任意高次幂二项式 $(a+b)^n$ 顺利地展开。中国学者将此图称为"贾宪三角"或"杨辉三角"。

更多扫码资源获取

元朝科学第一人
郭守敬

Yuan Chao Ke Xue Di Yi Ren

郭守敬（1231～1316年），字若思，邢台（今属河北）人，是我国元代伟大的天文学家、数学家、水利专家和仪器制造家。

郭守敬自幼跟随祖父郭荣学习天文、算学和水利。史载郭荣"通五经，精于算数水利"。郭荣还让郭守敬拜当时的天文和地理专家刘秉忠为师。青年时期的郭守敬在求学时结识了张文谦、张易和王恂等当世学者，通过切磋，在学术上取得了突飞猛进的进步。

1262年，郭守敬经张文谦推荐，受到元世祖忽必烈的召见。郭守敬提出了兴修6项水利工程的建议，其中5项是关于华北地区的农田灌溉工程，1项是关于大都漕运工程。每奏一项，忽必烈都感叹说："任事者如此，人不为素餐矣。"郭守敬先后担任提举诸路河渠、副河渠使等职，因势利导地兴修了许多水利工程。

1264年，郭守敬随张文谦视察宁夏古渠和查泊兀郎海(今内蒙古乌梁素海一带)，修复了很多古渠。郭守敬被提升为都水少监，后又任都水监。

1265年，郭守敬提出了修复金口河的建议。这项工程兴修后，对于西山物资东运和京西农田的灌溉发挥了巨大的作用。

1275年，郭守敬在今河北、河南、山东、江苏的广大地域修建了一个庞大的水

浑天仪
原由郭守敬设计制造，明代仿制，现存南京紫金山天文台。

运交通网。整个工程具有很高的科学性和实用价值。

1276年，忽必烈下令王恂和郭守敬领导设立太史局，修订新历法。《授时历》的编制工作于1280年完成。期间，郭守敬创制近20件天文仪器，主持了大规模的天文测量。在主要参与者隐退或去世的情况下，郭守敬还用了4年时间，圆满完成了《授时历》的最后定稿。此后，他又完成了7部天文学著作。

1291～1293年，郭守敬设计和实施了通惠河水利工程。工程解决了通州到北京间繁忙的漕运。其科学性、合理性和实用性方面都堪称水利工程的杰作。

宋代的星图、星表

宋代星图出名的有苏颂星图和苏州的石刻星图，均采用元丰年间的恒星观测结果。苏颂星图共5幅，分为两组全天星图。苏州的石刻星图是一幅圆形全天星图，现存于苏州文庙。

宋代星表有杨惟德星表、周琮星表和无名氏星表。星表记载了300多颗恒星的入宿度和去极度值。

1303年，元成宗颁布命令：凡72岁的官员都去职返乡，唯独郭守敬以纯德实学和为世师法得以继续留任。1316年，郭守敬因病去世，享年86岁。

郭守敬在我国古代科学技术史上贡献巨大，被誉为元朝科学第一人，他一生的贡献主要在水利、仪象和历算三个领域。

在水利方面，郭守敬设计兴修了以通惠河水利工程为代表的一系列大型水利工程。这些水利工程设计的科学合理性、施工的复杂性均建立在郭守敬实地勘测、科学规划的基础之上，对于农田灌溉和南北漕运发挥了巨大的作用，功在当时，利在千秋。他在水利实践中，总结出了一些科学概念和方法。他在世界测量史上首次运用"海拔"概念，比德国数学家高斯提出的海拔概念早了560年。

在仪象方面，他在主持大都天文台工作期间，设计研制出简仪、圭表、候极仪、浑天象、玲珑仪、仰仪、立运仪、证理仪、景符、窥几、日月食仪以及星晷定时仪等天文仪器。其中简仪是最早制成的大赤道仪，比丹麦天文学家第谷制成的同类仪器早了 310 年。仰仪是世界上第一架太阳投影的观测仪。

在历算方面，他主持修订了《授时历》。按照《授时历》，一年的长度是 365.2425 天，仅与真实数值相差 26 秒，3300 多年才有一天的误差，和我们现在使用的日历在精确度上完全一致。《授时历》还给出了每经 1 黄道度的昼夜时间变化表格，其平均误差为 0.77 分钟。《授时历》在测算方法上更加精确：它创用了三次差内插法用于对日月五星运动不均匀改正等的计算上；创用了类似球面三角的方法用于对太阳视纬、黄赤道宿度及白赤道宿度变换的计算。

另外值得一提的是，为了修订精确的《授时历》，郭守敬组织了规模空前的全国范围内的天文测量工作，无论是从测点的数量，还是从分布的范围上，都远远超过了唐代的僧一行。

郭守敬在水利、天文历法、数学等方面做出杰出贡献，不仅仅是因为他具有出众的天资，更重要的是他勇于实践、敢于革新。

圭表（元代）
郭守敬设计制造的天文仪器，现存河南登封观星台。

仰仪（元代）
现存河南登封观星台。外形似平放的锅，又称碗晷，郭守敬利用针孔成像原理发明制造。用以测定日食发生的时刻、方位角、蚀分多少和日蚀全过程，还能测定月球的位置和月蚀。

黄道婆改进 棉纺技术

Gai Jin Mian Fang Ji Shu

元《梓人遗制》与纺织机械

《梓人遗制》是元代山西人薛景石所著。书中记载的 7 项机械中，除第 1 项是关于车辆制造，其余 6 项都是关于纺织机械。纺织机械里华机子、罗机子和立机子有很高的史料价值。

宋元时期，棉纺技术的普及和发展是我国纺织史上重大的成就。我国元代民间纺织女工黄道婆，在这一方面做出了非常重大的贡献。元代陶宗仪《南村辍耕录》卷 24 记载有她的事迹。

黄道婆，又名黄婆，生卒年不详，松江乌泥泾镇（今上海华泾镇）人，是我国元代著名的女棉纺织革新家。黄道婆大约出生于南宋末年，传说她小的时候给人家做童养媳，因为不堪忍受屈辱，在 18 岁左右逃脱出来，流落到海南岛崖州。

黄道婆到了崖州，在黎族地区生活了将近 30 年。当时海南岛盛产木棉，黎族人民的棉纺织技术非常精湛。黄道婆向黎族人民虚心学习，掌握了先进的棉纺织技术；再经过 30 年的刻苦努力，终于成为一位技艺精湛的棉纺织家。

中年的黄道婆开始思念自己的家乡，此时元朝已经取代南宋，江南开始恢复生产，经济状况好转。黄道婆回到了自己的家乡，为故乡人民带回了先进的纺织工具和她精湛的纺织技艺。

黄道婆一边向人们无私地传授纺织技艺，一边利用她的聪明才智，对棉纺织工具和技术进行全面的改进和革新。

其一，黄道婆改革了擀籽工序。开始人们都是用手剖去籽，既麻烦又费时。她就教人用铁杖来擀尽棉籽。后来又引进搅车（轧车），利用机械轴间的空隙辗轧挤出棉籽米，大大提高了生产效率。擀籽工序的改革，是当时皮棉生产中一项重大的技术革新。

其二，黄道婆在弹松棉花的操作上，把小弓改成 1 米多长的大弓，弓弦由线弦改为绳弦，木椎击弦代替手指拨弦。通过改造，弹出的棉花均匀细致，不留杂质，大大提高了纱线的质量。

其三，在纺纱这道工序上，黄道婆创造出三锭脚纺车，代替原来的单锭手摇纺车。

改进后，以脚踏代替手摇，能够腾出双手握棉抽纱，同时纺三根纱，纺织效率提高了两三倍，操作也省力；这是棉纺织史上的又一次重大革新。这种纺车是当时世界上最先进的纺织工具。元初著名农学家王祯在其著作《农书》中就介绍了这种纺车，其中的《农器图谱》还对木棉纺车进行了详细的绘图说明。这种新式纺车以其优异的性能受到人们的广泛欢迎，在江南一带得到迅速推广和普及。

其四，在织布工序上，黄道婆改进了以前的投梭织布机。在借鉴我国传统丝织技术的基础上，她汲取黎族人民织"崖州被"的长处，研究出了错纱配色、综线挈花等先进的棉织技术，纺织出鲜艳多彩的"乌泥径被"，驰名全国，其绚丽灿烂的程度能与丝绸相媲美。

黄道婆辛勤地向人们传授先进的棉纺织技术，不辞辛劳地进行技术改进和革新，极大地推动了江南一带棉纺织业的发展，使其一度成为全国棉纺织业的中心，历数百年而不衰。

黄道婆一生刻苦研究和辛勤实践，有力地影响和推动了我国古代棉纺织业的发展。黄道婆对于棉纺织技术的改进，反映了宋元时期我国的棉纺织业达到了高度发展的水平，在当时世界上处于先进地位。

宋元时期的纺织技术，在继承汉唐纺织技术的基础之上，又有很大的提高。在制造技术和提花工艺上，都有不少创新。

宋元时期纺织技术的突出成就是棉纺织技术的普及和发展，黄道婆在其中所做的贡献最为巨大。棉纺织技术的发展是建立在棉花的广泛栽种和普及上的。在宋元以前，棉花产地主要是在新疆等边境地区；棉花作为纺织原料，也集中在新疆、云南、海南岛和福建等地。棉花在元代得到了广泛的推广和种植，元政府对棉纺技术大力提倡。这些条件都促进了棉纺织技术的普及和发展。

元代的棉纺织品

宋元纺织机械的进步

(1) 纺车从手摇缫车向脚踏缫车过渡。脚踏缫车是人工缫丝机械中最先进的工具，在宋元时期得到普遍使用，完全取代了手摇缫车。

(2) 棉纺织机械的创制和改进。

(3) 大纺车和水力大纺车的创造。大纺车和水力大纺车的出现，是纺织机械制造方面的划时代进步，它们实现了纺织业的规模化，大大提高了生产效率。

金元医学四大家

Jin Yuan Yi Xue Si Da Jia

在 12 ~ 14 世纪的金元时代，医学理论有了很大发展，产生了金元时期四大医学流派，就是所谓的"金元医学四大家"。

在这四大家里，刘完素认为伤寒的症状多与"火热"有关，因而在治疗上多用寒凉药物，后世称之为"寒凉派"；张从正认为病由外邪侵入人体所生，在治疗上多用汗、吐、下三法以攻邪，后世称之为"攻下派"；李杲提出"内伤脾胃，百病由生"，治疗时重在温补脾胃，因为脾在五行学说中属土，所以后世称之为"补土派"；朱震亨认为人体"阳常有余，阴常不足"，治疗疾病以养阴降火为主，后世称之为"滋阴派"。

金元医学四大家在继承我国传统医学经典理论的基础之上，从各个不同的侧面理解和发挥，使得我国古代医学出现了前所未有的开放局面。

刘完素（约 1110 ~ 1200 年），字守真，自号通玄处士，别号守真子，金代河间（今河北河间）人。人称"河间先生"或"刘

《回回药方》书影

河间"。他自幼聪慧，特别喜欢读医书。传说他母亲生病，三次请医生都没有来，导致其母病逝，所以他就立志学医。他对古代的医书独好《素问》，朝夕研读，终得要旨。他根据《内经》"病机十九条"，提出伤寒火热病机理论，主张寒凉攻邪，名盛当世。金世宗曾三次征聘，他都坚辞不就。刘完素影响甚广，弟子众多，他所开创的寒凉攻邪医风，形成金元时期一个重要学术流派"河间学派"。

刘完素医学理论的核心是火热论。他在阐述《内经·素问》"病机十九条"时，结合北方地理和北方人民体质强壮的特点，发展了北宋徽宗赵佶提倡

的运气学说，深入阐发了火热病机等有关理论，即所谓"五运主病"和"六气为病"。在治疗方面，刘完素重视以寒凉药物治疗外感火热病。他创制了"防风通圣散"和"双解散"等辛凉共用的方剂，有效地解决了外受风寒、内有邪热的矛盾病症。

张从正（约1156～1228年），字子和，号戴人，金睢州考城（今河南兰考）人。他出生于医学世家，自幼酷爱读书，尤其喜欢作诗，性格豪放。他师从刘从益，深受刘完素学说影响，大定、明昌间以高超的医术闻名于世。兴定年间，张从正被征召入太医院。因与时医医风不合，不久辞职回乡，继续行医。当时已具盛名的文人麻知几与其交往甚密。他在麻氏和常仲明等的协助下，于1228年撰成《儒门事亲》15卷。张从正秉承《内经》、《难经》之宗旨，发展张仲景的汗、吐、下三法，创立了以"攻邪论"为中心的理论学说，形成金元医学一大学术流派"攻下派"。

张从正的主要医学思想，最重要的是"邪气"说。他认为人生病是因为邪气"或自外而入，或由内而生"，提倡采用汗、吐、下三法攻邪，治疗峻猛，与当世医用温补之法迥异。他还主张食补，即祛病之后，还需要用平日的食品进补。补法有六种，即平补、峻补、温补、寒补、筋力之补、房室之补。

李杲（1180～1251年），字明之，晚号东垣老人，金真定（今河北正定县）人。他出身富贵之家，自幼好读医书，兼通经史子集，为人守信，能急人所困。20多岁的时候，因为其母患病死于庸医之手，所以开始立志学医。李杲捐资千金，拜易水名医张元素为师，仅数年即尽得所传；后避战乱，到达汴梁

金彩龙纹团药盒

"医"字，《说文解字》解释为"治病工"。古代医生有官医和民医，官医最早见载于《周礼》。《周礼》里有食医、疾医、疡医、兽医，还有医师。这里的医师是指主管卫生行政事务的官吏。秦代始有太医令和太医丞等医官职称。汉代有"医工长"，是主管宫廷医药的一种医官，在宫廷中也有女医，称为"乳医"。唐代已有"医生"一词，是太医的一种。宋代时，我国南方称医生为"郎中"，北方称医生为"大夫"，还有些地方将医生称为"衙推"；民间为表示对医生的尊敬，称之为"先生"。

元代医疗器具

北宋医学已分9科，即：大方脉（内科）、风科、小方脉（儿科）、产科、疮肿兼折伤（外科）、眼科、口齿兼咽喉、针灸、金镟兼书禁（金链也属外科，书禁指祝由科等类）。元代增加为13科，即：大方脉、风科、小方脉、产科、正骨科、眼科、口齿科、咽喉科、针灸、金疮科、杂医科、祝由科、禁科。

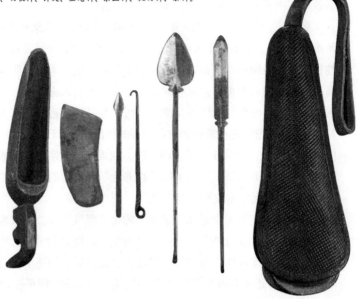

（今河南开封）以及鲁北东平、聊城一带。1244年，李杲回乡著书立说，创立了以"内伤脾胃"为主体的理论学说，形成了一大学术流派"补土派"。

李杲在医学理论上，建立了内伤学说，发扬了扶护元气和温养脾胃学说。他认为脾胃为元气之本，人之百病皆由脾胃虚弱所生，故而在治疗方面十分重视脾胃。外感热病，用刘完素寒凉之法；内伤热症，就要升举清阳，温补脾胃，潜降阴火。他还创制了补中益气汤、升阳散火汤等名方，以治疗脾胃内伤疾病。

朱震亨（1281～1358年），字彦修，号丹溪，婺州义乌（今浙江义乌）人。人称"丹溪翁"。他自幼聪明好学，为考科举，曾从理学家许谦学习，对理学很有造诣，后专注于医学。朱震亨于泰定乙丑（1325年）拜刘完素的再传弟子罗知悌为师，学成后返归乡里行医。他博采刘完素、张从正、李杲三家学说之长，结合自己的体会及理学造诣，提出"阳有余、阴不足"的理论，形成金元时"滋阴"一派。

从金元医学四大家身上，我们可以看到金元医学开拓、创新、争鸣的繁荣景象。在短短100多年间，诸多名家不仅在理论上各有建树，而且在实践中互相补充，在取长补短中不断进步，促进金元医学迅猛发展。

《王祯农书》
和《农桑辑要》

Nong Sang Ji Yao

《农桑衣食撮要》书影

宋元时期，农业生产发展到一个新的水平。土地被广泛开发使用，人们与水争田，与山争地，出现了架田（浮在水面上的田）、梯田（山区的田）和圩田（围湖造田）等形式。农作物大规模种植，作物种类也大大增加。棉花正是在这一时期进入中原。

农业生产的发展，极大地带动了农业技艺的交流和总结，宋元时期出现了农学四大家，他们著述的农书不仅对当时的农业生产有着指导性作用，而且对后世影响深远，在我国农业发展史上占有举足轻重的地位。

宋元农学四大家分别是宋代的陈旉，元代的孟祺、王祯和鲁明善。这四大家里除了陈旉是南宋人外，其他三家都是元代人。元代在不到100年的统治时间里，为后世留下了3部了不起的农书，即《农桑辑要》、《王祯农书》和《农桑衣食撮要》。其中尤以《王祯农书》和《农桑辑要》最具有代表性。

《王祯农书》是元代的一部综合性农书，也是第一本兼论南北农业技术的农书。《王祯农书》由各自独立的3部分组成，共22卷，约有13万多字。第一部分6卷19篇，名为《农桑通诀》，也就是农业通论。这部分首先从"农

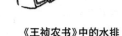

《王祯农书》中的水排

《王祯农书》首次对2000多年来的农田水利和水利机械做了总结性的记载。这是书中记载的水排，是一种利用水力推动的冶铁装置。

事起本"、"牛耕起本"和"蚕事起本"三个方面论述了农业、牛耕和蚕业的起源；然后从"授时"和"地利"两方面出发，系统地阐述农业种植各个环节所应采取的措施；最后分列了"种植"、"畜养"和"蚕级"等篇，记载了林、牧、副、渔等广义农业各个方面的内容。第二部分4卷11篇，名为《百谷谱》，是关于作物栽培的论述。这部分把农作物分为80多种、7大类，详细记述了栽培、保护、收获、贮藏和加工利用等方面的技术与方法，后面还附有一段《备荒论》。第三部分12卷，名为"农器图谱"，篇幅占全书的4/5，分20门，共介绍了257种农业机械工具，绘图306幅，每幅图都有文字说明。

《王祯农书》的作者王祯，字伯善，山东东平人，生活在元朝初、中期。关于他的生平事迹，史书记载很少，只知道他做过两任县官：一任是宣州旌德县（今安徽旌德）县尹，一任是信州永丰县（今江西广丰）县尹。《王祯农书》是在1300年左右任职永丰期间完成的。

《农桑辑要》，成书于元至元十年（1273年），是现存最早的官修农书。全书分为7卷，共约6.5万字。卷一典训，是全书的绪论，主要讲述农桑

起源及经史中关于重农的言论和事迹；卷二主要讲耕垦、播种和选种总论以及大田作物的栽培各论；卷三、四分别讲栽桑和养蚕；卷五论述瓜菜和果实等园艺作物；卷六讲竹木、药草、水生植物和甘蔗；卷

牛转翻车
这是《王祯农书》中的插图。牛转翻车是一种使用畜力推动的灌溉工具。

宋元农田水利的兴修

河北海河流域的淀泊工程。始建于北宋淳化四年（993年），熙宁年间又进一步开发，形成30多处淀泊带。该工程西起保州（今河北保定）东至沧州泥沽海口，全长800多里。

黄汴诸河的大规模引浊放淤。开始于北宋熙宁二年（1069年），在王安石的支持下，工程顺利进行。淤灌改良了盐碱地，得到大量良田。

南方农田水利工程有木兰陂和范公堤。

七讲孳畜、禽鱼、蜜蜂等动物的饲养。《农桑辑要》第一次把蚕桑和棉花的生产放在与粮食生产同等重要的地位，并提出了一种全新的风土观念，为棉花、番薯、玉米、花生、烟草等作物的引进和传播，铺平了道路，同时也反映了作者超前的远见。

《农桑辑要》是由元代专管农桑和水利的中央机构"大司农"组织编写的。主要撰稿人孟祺、张文谦和苗好谦等都是当时农业方面的专家。孟祺，字德卿，安徽宿县人，曾担任山东东西道劝农副使，是唯一在《农桑辑要》中署名的作者。张文谦，字仲谦，邢州沙河人，曾担任过司农卿和大司农卿等职，是该书的组织者。苗好谦曾经担任地方劝农官。

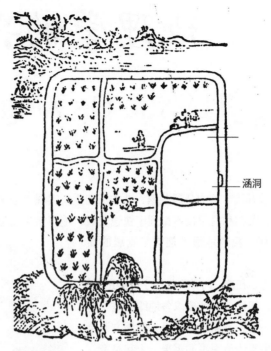

涵洞

柜田图
柜田就是筑堤护田，像小型圩田，四岸开凿有涵洞，里面顺地形修筑田丘，这是解救水荒的上好方法。

《农桑辑要》中的元代犁耕图

地理学的兴旺

Di Li Xue De Xing Wang

经过五代十国的分裂割据，北宋王朝重新实现了全国的统一，其经济、文化和科学技术得到了快速发展，地理学当然也不例外。宋元时期，我国地理学迎来了发展的高峰期。

首先，在这一时期，地图学发展迅速。北宋时，朝廷一方面要求各地编绘地图奏报中央，另一方面也专门派人到地方测绘地图。出于政治军事的需要，上起皇帝，下至各级官员，对地图的绘制都非常积极。这一时期的地图，不仅数量多，而且种类繁杂，有：全国行政区划图，全国州郡县图，域外图，边防图，各府、州、县图，各地水利图、交通图、治河图、都市图、守令图等等。地图的材料有丝帛纸张，有岩石石碑，还有木制的地图模型等等。

宋代苏州石刻地理图

苏州石刻地理图复原图

在制图理论方面，宋代的沈括和元代的朱思本贡献颇大。北宋杰出的科学家沈括首创了地形高程测量法，也就是水平线两点间直线距离的测量方法。沈括用此法，历12年，绘成《天下州县图》（即为《守令图》）。元代的地理学家朱思本历时10年，"以五十里为一方"，完成《舆地图》。罗洪先在《广舆图序》评价说："其图有计里划方之法。"

《天下州县图》和《舆地图》都是全国总图。区域地图有《契丹地理图》和《河西陇右图》等，专业性地图有管理农田的《鱼鳞图》和水利方面的《河源图》等，城市地图有《长安图》等。在这些地图中，尤其以石刻地图最具特色。现存的石刻地图多绘制于宋代。

其次，中央为了加强行政控制，需要了解全国的地理知识，这就促进了方志的繁荣。

这一时期，方志的门类和数量都大幅增长，涌现出很多优秀的方志理论和方志体例。

从数量上看，从汉到唐的 1100 多年间，所编方志总数不足 400 部；而宋元时期 400 多年里，就出现方志 1031 种之多。从体例上看，宋代已经具有了比较完善的方志体例，而且还在不断进行创新。反映在方志的名称上，已经不再局限于已有的志、编、录、图经和图志等，而是创造出谱、纪旧、类补、统记、故实、类考、须知、新录、记问、会要、拾遗、私志等 20 多个新名目。

在宋元的这些方志里面，地方志共有 989 种，其中宋代 976 种，元代 13 种；全国性的总志 42 种，其中宋代 40 种，元代 2 种。宋代的方志数量明显比元代多。而且宋代方志的质量也比较高，其中的佳作颇受后人好评，如《三山志》、《会稽志》、《云间志》和《临安志》等。

宋元时期涌现出一大批有较高地理学价值的游记和比较重要的沿革地理著作。游记方面有王继业的《西域行程记》，王延德的《西州程记》，沈括的《熙宁使辽图抄》，陆游的《入蜀记》，乌古孙仲端、刘祁的《北使记》，耶律楚材的《西游录》，邱处机、李志常的《长春真人西游记》以及常德、刘郁的《西使记》等。沿革地理方面有郑樵的《通志》、王应麟的《通鉴地理通释》和马端临的《文献通考》等。

综上所述，我国的地理学发展到宋元时期，无论是在理论还是在作品方面都取得了卓著的成就，为明清地理学的发展开辟了一条广阔的大道。

地舆图

域外地理著作

徐兢《宣和奉使高丽图经》：北宋作品。描述了高丽（今朝鲜、韩国）的地理、物产、民情风俗和典章制度等。

周去非《岭外代答》：北宋作品。讲述东南亚、西南亚、东非各国的地理、交通、物产和风俗等。

赵汝适《诸蕃志》：南宋作品。上卷叙述了亚非两洲共 57 个国家的地理，下卷记载了 47 种外国物产。

周达观《真腊风土记》：元代作品。记载了真腊（今柬埔寨）的建筑服饰、文化风俗、山川地理等诸多方面的情况。

汪大渊《岛夷志略》：元代作品。记载了印度洋沿岸及南海诸国的山川气候等方面的情况

陈大震《大德南海志》：元代作品。列举来华贸易的国家 124 个，收录地名较多。

漕运和海运

Cao Yun He Hai Yun

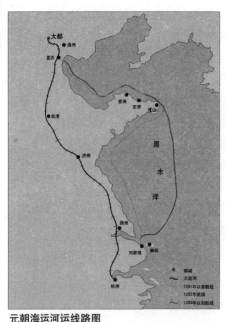

元朝海运河运线路图

我国历代的封建王朝都需要把征自田赋的部分粮食运往京师或其他指定地点，用于宫廷消费、百官俸禄和军饷支付以及民食调剂等；这种粮食称为漕粮，漕粮的运输方式称为漕运。

广义的漕运有河运、水陆递运和海运三种运输方式。狭义的漕运仅指通过运河沟通天然河道转运漕粮的河运。

漕运的起源很早，秦始皇北征匈奴时，百姓"万里从军，千里输粮"，从山东沿海一带运军粮抵达北河（今内蒙古乌加河一带）。漕粮之制起于两汉，汉朝建都长安（今陕西西安），每年都将黄河流域所征收的粮食运往关中。隋朝初年除了自东向西漕运外，还从长江流域转漕北上。特别是隋炀帝，开凿大运河，沟通了南北漕运。此后历朝历代都很重视漕运，不仅疏通了南粮北调所需的网道，而且还建立了漕运仓储制度。清咸丰五年（1855年），黄河改道，运河日浅，漕运日益困难，不得已，清政府在光绪27年（1901年）下

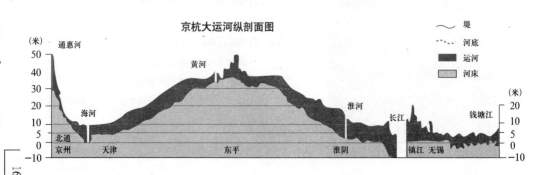

京杭大运河纵剖面图

令停止漕运。

元帝国幅员辽阔，政治和军事的重心在北方，但是经济重心却在南方。北方大量的财政和粮食供给都要靠江浙一带。据《元史·食货志》记载：江浙一带行省每年的粮食产量占到了"天下岁入粮数"的 2/5 还要多。大量的粮食都需要通过漕运来运输。元朝初年，南粮北运主要以运河作为主要漕路，从 1282 年起才逐渐发展起了海运，随后就是以海运为主、河运为辅的联运方式。

海运、河运和陆运这三种运输方式在运输费用上的比较，丘曾统计说："河漕视陆运之费省什三四，海运视陆运之费省什七八。"海运明显比河运和陆运要便宜很多，但是也有它的缺点，那就是安全性不高。主要是海运途中"风水险恶"，经常会发生"人船俱溺者"，也不乏"船坏而弃其米者"。所以有"漕船泛河则失少，泛海则损多"的说法。

元朝既想利用海运的便利，又想减少漂溺的损失，就采用一种海运为主、河运为辅的联运方式。为了利用河运，元朝统治者不断征调民工开掘运河。从至元二十六年（1289年）正月开凿会通河，六月开成。这一段运河，长 250 余里，南起须城县（今山东东平）安山的西南，经寿张县西北到东昌县（今山东聊城），此后又经过不断修筑，前后共历时 37 年，直到泰定二年（1325 年）才告完成。修成的会通河，连通了汶河和御河（今卫河），使漕运更加便利。1291～1293 年，郭守敬设计并实施了通惠河工程。通惠河修成后，漕船可从通州直达大都城（今北京）内。

大运河鸟瞰

元代的海运路线前后开辟过三条。最主要的有两条：一条是至元十九年（1282年）由海盗朱清和张瑄开辟的，路线是自刘家港（今江苏太仓一带）北经崇明州入海，沿着海岸线航行，最后到达直沽，航程长达13350华里，航期需要两个多月；另一条是至元三十年（1293年）由海运千户殷明略开辟的，路线是从刘家港入海，到达三沙、崇明后入黑水洋，在深水中越过东海（今黄海），再绕山东半岛尖端进入渤海湾，顺风时航期只需10天。

元朝海运的繁荣，刺激了造船业的发展，造船技术也有所提高。漕船作为漕粮运输的主要工具，由专门指定厂家制造，并由官府派员监制。元朝漕船制造多在建康，据史料记载，"海船一载千石"。元代"普通四桅，时或五桅六桅、多至十二桅"，其中的四桅远洋海船载重量约在300吨上下，海船在南洋、印度洋一带居于航海船舶的首位。"舶之大者，乘客可千人以上"，真是"华船之构造、设备、载量皆冠绝千古"，可见元代造船技术之高。

综上所述，元代的漕运，无论是在河运还是海运方面，都有了很大的发展；伴随着造船技术成熟和水利工程的修复、修建，漕运极大地促进了贸易往来，推动了经济的发展。漕运和海运，不仅是元代政府，而且是以后的明清政府高度重视的关系国民经济的一件大事。

明代漕船一览

(1) 漕船制造处：《明书·河漕志》，"皆造于清江、卫河提举司及原卫所"。

(2) 漕船制造处管理：《明书·河漕志》，"设官董督之"，即由二处提举司管理。

(3) 漕船造价：《宪宗成化实录》，"艘计银百两"。

(4) 漕船年造量：《宪宗成化实录》，成化十六年(1480年)以前通常"岁造船六百六十余艘"，但也有增有减。

(5) 漕船总数量：《明书·河漕志》，天顺以后"计用漕船一万一千七百七十五艘"，另有海运用的"遮阳船五百二十七艘"。

(6) 漕船的编制：《穆宗隆庆实录》，为了防止漕船在运输过程中出现各种奸弊之事，规定"五船编甲，互相觉察"。

(7) 漕船的配员：《仁宗洪熙实录》，永乐年间每船配"有官军二三十人"。

(8) 漕船吃水量：《治水筌蹄》，"运舟用水三尺"。

(9) 漕船载重量：《治水筌蹄》，"每船可运四百万石，然夏旱则又不敢过四百万石"。

(10) 漕船的归属：漕船皆为官船，为政府所有，从事漕运人员无论是军是民，均与漕船的归属无关。每次漕船北上交粮之后，都必须清理洁净按时回空，以待下次再用。但是也有少部分漕船为民所有，临时雇佣来运输漕粮，这类漕船可不必按时回空。

元朝海运和河运的发展是政治中心与经济重心分离的结果。唐宋以来，中国的经济重心渐渐南移，到宋、金对峙和蒙古侵扰中原时期，北方战乱，南北经济差距进一步加剧。元朝海运和河运的发展加强了南北文化和物资的交流，促进了造船技术和海外贸易的发展，沿海城镇也由此而繁荣。

运河上的古桥

南粮北调早在唐宋已有，主要靠河运漕运。元朝建都大都后，这座政治性的消费城市需要大量资源，南粮北运已经变成巩固政权的重要手段。最早是以运河运输为主，以陆运作为辅助。由于大都距海较近，加之海运费用较少，因此元朝致力于发展海运。

郑和下西洋

Zheng He Xia Xi Yang

郑和像

郑和下西洋是中国和世界航海史上的一个重要事件，是一个划时代的壮举。2002 年底英国学者孟席斯在《1421 年：中国发现世界》一书中大胆地提出"郑和最早发现美洲新大陆后最先实现环绕地球航行"的观点。他指出，郑和比哥伦布早 72 年发现美洲大陆，比麦哲伦早 100 年绕行世界，并绘制出了当时的世界地图，比达·伽马领先一步到达印度，航线一度延伸到了南极。虽然他的观点有待于进一步证实，但是从这个观点所引发的全球争议和轰动不难看出郑和下西洋的历史意义。

郑和（1371～1433 年），原姓马，名和，字三宝，是云南省昆阳州（今云南晋宁县宝山乡和代村）人。郑和出生于一个世代信奉伊斯兰教的回族家庭。其家在当地很受人们的尊敬。

1381 年，年仅 11 岁的郑和在朱元璋发起的统一云南的战争中被明军俘虏，随即被阉割，留在军中做秀童。19 岁时，郑和被选送到北京的燕王府服役，从此追随雄心勃勃的燕王朱棣，并逐渐获得了他的信任。

1399～1402 年，朱棣为和其侄建文帝争夺皇位，发动了"靖难之役"。郑和在这场斗争中立下了功劳，因此被提升为内官监太监。永乐二年（1404 年）正月初一，朱棣为表彰郑和的功绩，亲笔赐姓"郑"，从此马和更名为郑和，史称"三宝太监"。

1405 年，明成祖朱棣出于巩固自己地位的考虑，同时也为了发展对外贸易，扩大明王朝的国际影响，决定派郑和率领船队出使海外。在此后的 28 年里，郑和

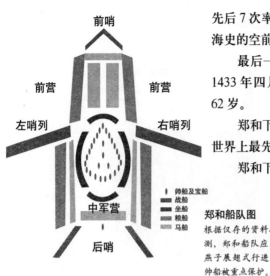

前哨

前营　　　　　前营

左哨列　　　　　右哨列

中军营

后哨

　　帅船及宝船
　　战船
　　坐船
　　粮船
　　马船

郑和船队图
根据仅存的资料推测，郑和船队应以燕子展翅式行进，帅船被重点保护。

先后 7 次率领庞大的船队远航，成为世界航海史的空前壮举。

　　最后一次下西洋时，郑和已经 60 岁。1433 年四月，他病逝在印度的古里，时年 62 岁。

　　郑和下西洋，反映了我国明代已经拥有世界上最先进的造船和航海技术。

　　郑和下西洋的船队，是一支规模庞大的船队。首先，在船只数量上，每次出使的海船都有 200 多艘，其中大、中型宝船数量在 41～63 艘之间。远比西方远航的船只要多：哥伦布船队 3～17 艘；麦哲伦船队 5 艘；达·伽马船队 4 艘。其次，从船只种类和装备上，船的类型最少有 7 种，包括宝船（帅船）、马船（综合补给船）、战船（护航用，配有火器）、

郑和下西洋宝船复原图

郑和七下西洋路线图

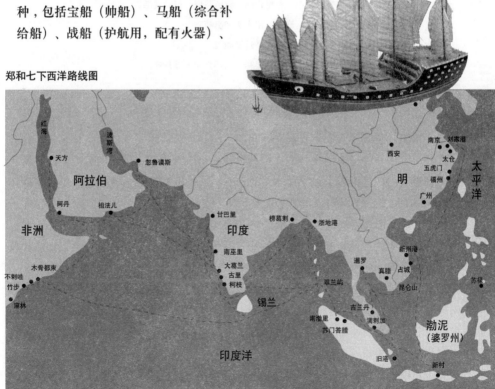

红海

波斯湾

忽鲁谟斯

天方

阿拉伯

阿丹　　祖法儿

非洲

木骨都束

不剌哇
竹步

麻林

甘巴里

榜葛剌

印度

南巫里
大葛兰
古里
柯枝

锡兰

翠兰屿

浙地港

暹罗

真腊

占城

昆仑山

南渤里
苏门答腊

吉兰丹

满剌加

旧港

新村

西安

南京　刘家港

五虎门　太仓

福州

广州

明

太平洋

新州港

芬椤

渤泥
（婆罗州）

印度洋

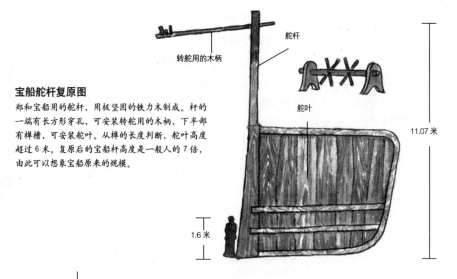

转舵用的木柄

舵杆

舵叶

11.07 米

1.6 米

宝船舵杆复原图

郑和宝船用的舵杆，用极坚固的铁力木制成。杆的一端有长方形穿孔，可安装转舵用的木柄，下半部有榫槽，可安装舵叶。从榫的长度判断，舵叶高度超过 6 米。复原后的宝船杆高度是一般人的 7 倍，由此可以想象宝船原来的规模。

明代战船

福船，明代水军主力战船。特点是底尖而阔，首昂尾耸，高大如楼。

海沧船，又叫冬船、哨船，比福船小。

苍山船，较海沧船小，首尾皆阔，帆橹并用，行动灵活。

沙船，改造自民船，底平，用于协守出哨。

鹰船，两头俱尖，不分首尾，进退如飞。

还有火龙船、两头船、鸳鸯桨船、连环舟和子母舟等。

坐船、粮船（装载粮食和副食品）、水船（储存运载淡水）等。船队还装备了先进的武器，譬如一种可灵活操作的火炮碗口铳和用于水战和攻城用的喷筒；还有新武器"赛星飞"；是世界上最早的水雷雏形。再次，从船队的人数上看，每次下西洋人数在 27000 人以上，约合明朝军队 5 个卫（每个卫 5000 ~ 5500 人）。而哥伦布、麦哲伦、达·伽马航海的人数分别是 90 ~ 150 人之间、265 人和 170 多人。

如此庞大的船队，是按照军事组织进行编制的。船队分为舟师、两栖部队和仪仗队三个序列：舟师，用于海上作战，相当于现在的舰艇部队，其战船被组成编队，分为前营、后营、中营、左营、右营；两栖部队用于登陆作战；仪仗队负责警卫和对外交往时的礼仪。按照各自不同的任务，船队人员又分成以下五个部分：指挥部分、航海部分、外交贸易部分、后勤保障部分、军事护航部分。郑和的船队在当时世界上堪称一支实力雄厚的海上机动编队。英国李约瑟博士这样赞誉道："明代海军在历史上可能比任何亚洲国家都出色，甚至同时代的任何欧洲国家，以致当时所有欧洲国家联合起来，可以说都无法与明代海军匹敌。"

在航海技术方面。郑和船队已经把航海天文定位和导航罗盘的应用结合起来，创立了先进的"牵星术"。这项技术利用"牵星板"观测定位，通过测定天的高度来判断船的位置和方向，大大提高了测定船位和航向的精确度。船队还运用先进的航海罗盘、计程仪和测深仪等航海仪器，并且按照航海图、针路簿记载来保证船队的航行路线。这些都反映了明代的航海技术已经达到当时世界的领先水平。郑和留传下来的《郑和航海图》是世界上现存最早的航海图集。

郑和下西洋的航线是从西太平洋穿越印度洋，直达西亚和非洲东岸，绕过南端的好望角，抵达大西洋。这种壮举在中国航海史上是绝无仅有的，在当时世界航海史上也是极为罕见的。

更为难能可贵的是，郑和下西洋，在与外国的实际接触中，始终秉持着和平亲善友好的态度，用李约瑟的话说：从容温顺，不记前仇，慷慨大方，从不威胁他人的生存，虽然以恩人自居；他们全副武装，却从不征服异族，也不建立要塞。

郑和下西洋的实际利益已经难以估量。究其精神意义，则此举凝聚并体现了中华民族和平友好、开放进取以及敢为天下先的精神，这种精神正是我们民族之魂。

郑和七下西洋一览

出发年份	回程年份	船队所经主要国家和地区
永乐三年（1405）	永乐五年（1407）	占城（今越南中部）、暹罗（今泰国）、爪哇（今印度尼西亚爪哇岛）、旧港（今印度尼西亚苏门答腊岛巨港一带）、满刺加（今马来西亚马六甲）、锡兰（今斯里兰卡）、古里（今印度西海岸卡利刻特）等
永乐五年（1407）	永乐七年（1409）	渤泥（今加里曼丹岛北部）、柯枝（今印度西海岸科钦）等
永乐七年（1409）	永乐九年（1411）	溜山（今马尔代夫群岛）、小葛兰（今印度西南沿海之奎隆）等
永乐十一年（1413）	永乐十三年（1415）	吉兰丹（今马来西亚之吉连丹）、彭亨（今马来西亚东南岸）、木骨都束（今索马里摩加迪沙）、忽鲁谟斯（今伊朗基什姆岛）、麻林（今肯尼亚马林迪）等
永乐十五年（1417）	永乐十七年（1419）	不刺哇（今索马里布拉瓦一带）、阿丹（今也门亚丁）、刺撒（今红海东岸）
永乐十九年（1421）	永乐二十年（1422）	榜葛刺（今孟加拉）、祖法儿（今阿拉伯半岛南岸哈得拉毛）等
宣德六年（1431）	宣德八年（1433）	天方（今沙特阿拉伯麦加）、竹步（今索马里朱巴河口一带）等

与黄河的斗争

Yu Huang He De Dou Zheng

自从大禹治水以来，我国人民与黄河的斗争一直没有停止过。明朝前期（1368～1551年），因为河道淤积，黄河频繁泛滥，不仅威胁到两岸人们的生命财产安全，而且影响到南北漕运，给国家造成严重的经济损失。

明代黄河的治理任务相当艰巨。此时的黄河治理，已经不仅仅是单纯的治理水患问题，它还关乎着维系国家经济命脉的漕运问题，关乎着明朝皇族祖陵安危的政治问题。大家都知道，漕运的运河在航道上都要借黄通漕，治河毫无疑问要受到"保漕"思想的影响；另一方面，明王朝的皇陵在凤阳，祖陵在泗州，黄河要借淮入海，地处淮泗之间的祖陵和淮泗以南的皇陵很容易受到威胁。

支大纶感叹道："河之难治如此，其在今日则资其利，而又畏其害。利不可弃，则害不可蠲也，其难则十倍于汉矣。河自汴而合淮，故决在汴。汴幸无决，而东危汶泗，北危清济间，又决而危丰沛矣。即幸旦夕无恙，而又虞其绝北而厄吾漕。幸漕利矣，而合淮会泗，激而横溢，淮凤泗以侵祖陵。纵之则陵危，决之而运道危。愈积愈高，则徐邳之生民危，顾不甚难哉！"

在保护南北漕运方面，明代进行了修浚会通河的工程。永乐九年（1411年），朱棣命令工部尚书宋礼、刑部侍郎金纯、都督周长等主持修浚会通河。宋礼等人接受了汶上老人白英的建议，建成了南旺分水枢纽，即在江水下游东平戴村筑新坝拦截汶水，使其全部流至济宁以北的南旺。为了通航行船，宋礼等人"相地置闸，以时蓄洪"，新建或改建了一些闸门，节节蓄水，使漕船能顺利通航。

会通河开浚后不久，宋礼等人又在山东境内开新河以接旧河，并在河南境内疏浚黄河故道，引河水入淮，以接济运河水量。

经过数次的修整和治理，南北大运河全线畅通，成为此后 200 余年明王朝的生命线。明人在治理黄河的工程中，既想利用黄河之水以补充运河，又害怕黄河冲毁或淤塞运河，始终挣扎在引黄济运和遏黄保运两种思想之间。为了保证漕运，明人也试图避开黄河，另开新的河道，如开挖了南阳新河和泇河等，可惜的是这个目标直到明末也未完全实现，仍然有近 200 里的途程需要用黄河代运。

护陵是明代中后期治河的重大政治问题。这一时期，由于黄河河道淤塞，经常发水，祖陵数次被淹。万历十九年（1591 年）九月，"泗州大水，州治淹三尺，居民沉溺十九，没及祖陵"。次年三月，"水势横溃，徐、泗、淮、扬间无岁不受患，祖陵被水"。特别是万历二十二年（1594 年），黄河水大涨，暴浸祖陵，泗城淹没，造成明代历史上的一大灾难。为了护陵，在治理黄河方面，政府采用分黄导淮的方案。

明代在治理黄河的理论方面也有所发展和突破，譬如潘季驯系统的"束水攻沙"理论。"束水攻沙"，是潘季驯在吸取前人对河流泥沙运动规律认识的基础上，结合自己的治河经验总结出来的。他认为"水分则势缓，势缓则沙停，沙停则河饱"；"水合则势猛，势猛则沙刷，沙刷则河深"；"筑堤束水，以水攻沙，水不奔溢于两旁，则必直刷于河底，一定之理，必然之势，此合之所以愈于分也。"简而言之，就是利用集中大量的水冲刷河槽达到排沙入海的目的。潘季驯的"束水攻沙"开辟了治河新途径，对清代和后世的治河思想有很深的影响。

在明代也出现了不少著名的治河著作，例如刘天和的《问水集》、万恭的《治水筌蹄》、潘季驯的《河防一览》和吴山的《治河通考》。其中《治水筌蹄》和《河防一览》分别是该时期的治河通运的代表作，具有很高的科技价值。

明代关于治理运河的著作

（1）王琼的《漕河图志》：成书于明弘治九年（1496 年），共 8 卷，是现存最早关于京杭运河的专著。

（2）谢肇淛的《北河纪》：成书于万历四十二年（1614 年），共 8 卷，记载山东至天津段京杭大运河。

（3）杨宏的《漕运通志》：成书于嘉靖四年（1525 年），共 10 卷。

（4）吴仲的《通惠河志》：成书于嘉靖七年（1528 年），共 2 卷。

明代《黄河运河全图》

全卷纵 45 厘米、横 1959 厘米，绢本设色。黄河是横贯中国北方的一条大河，南北大运河则是从浙江杭州，贯穿长江、黄河直达北京的人工运河。元朝为解决南粮北运问题，于至元年间开凿山东境内的会通河及北京的通惠河，但不久就淤积不能通航。明迁都北京后，仍需从南方运输大量粮食到北京，因而动员山东、徐州、应天、镇江等地 30 万民工疏通会通河，使南北大运河畅通无阻，每年漕运粮食达三四百万石。大运河成了明朝的生命线。黄河夹带大量泥沙，进入平原地区后不断淤积，使开封以东河段经常决口泛滥，大运河受阻。所以，明清两代都将黄河与大运河联系在一起。这幅《黄河运河图》就是将黄河与运河并列在一起绘制的。

永乐大帝建故宫

Yong Le Da Di Jian Gu Gong

故宫气势恢宏，庄严华丽，是明清两代的皇宫，亦是中国古代宫殿建筑的扛鼎之作。

故宫又称紫禁城，紫禁二字系从紫微星垣而来。大家知道，我国古代天文学家把天上的恒星分为三垣、二十八宿和其他星座。其中的三垣为太微垣、紫微垣和天市垣。紫微星垣（北极星）位于三垣的中央，是所有星宿的中心。紫，即为"紫微正中"，皇宫是人间的"正中"；"禁"是指皇宫大内，严禁侵扰。

少数民族建筑风格

藏族建筑：结构形式普遍采用木构架承重，屋顶为平顶。

新疆维吾尔族建筑：穹隆顶建筑。小型的建在土坯墙上，较大型为单拱肋，再大就要采用抹角法。

蒙古族建筑：建筑形式多样，有喇嘛庙、蒙古包、王府和汉族土房。喇嘛庙有西藏式、五台式和汉藏混合式三种。蒙古包属活动式轻体结构。王府是仿汉式建筑。

故宫修建于 1406 年，工程的营建者是明代的永乐帝朱棣。朱棣曾在北京做燕王，对北京的地理有深刻的认识。

《明史》记载，修建故宫时征集了全国著名工匠 10 多万名，役使民夫达100 万之多，整个工程历时 15 年，直到 1421 年才最后完成；此后又多次重建

故宫午门

和扩建，但整体面貌保持未变。

故宫是一座砖木结构建筑，所用的建筑材料来自全国各地。木料主要来自京郊房山悬山中，也有部分来自湖广、江西、山西等省。汉白玉石料亦来自房山区。宫殿里砌墙用的砖，叫澄浆砖，是在山东临清烧制的；铺地用的方砖，叫做金砖，是在苏州烧制的。整个紫禁城用砖超过了1亿块。

施工所用的材料做工非常精细。譬如砌墙用的澄浆砖，是先把泥土放入池水中浸泡，经过沉淀，然后取出过滤后的细泥，最后才把细泥晾干做坯。还有就是砖块之间、石板之间的黏合剂，材料是煮过后捣碎的糯米和鸡蛋清，选用这种黏合剂，不仅粘力强，而且效果平整美观。

建成后的故宫占地面积72万平方米，内有房屋有9999间，外有高达10米的城墙（南北960米，东西760米），四角各有一座屋顶有72条脊的角楼。在最外端，还有一条宽52米的护城河环绕四周。

故宫的建筑布局整体分为外朝和内廷两大部分。外朝是明清皇帝治理朝政的主要场所，以太和、中和、保和三大殿为中心，文华殿和武英殿分列两翼。内廷是皇帝处理日常政务和皇族后妃们居住的地方，一般称为"三宫六院"，主要包括乾清宫、交泰殿、坤宁宫、东西六宫以及御花园。

外朝三大殿是故宫中轴线上的主要建筑。三殿均建在汉白玉砌成的8米高巨大平台上，台分三层，中上层各9级，下层台阶21级，每层都有汉白玉栏杆围绕，总面积约8.5

万平方米。太和殿也称"金銮殿"，是紫禁城的正殿，也是建筑群中最为高大的建筑。它高26.92米，东西面宽63.96米，南北进深37.20米。中和殿位于太和殿的后面，是一座亭子形方殿，高18.87米。保和殿为三大殿的末殿，屋顶为歇山式，高20.87米。

建在世界屋脊上的布达拉宫

是一座大型的喇嘛教寺院，位于拉萨市布达拉山上，是藏族人民建造的举世闻名的宏伟建筑。现存的建筑是明朝崇祯十四年（1641 年）五世达赖重修的。该宫依山而建，砌平楼 13 层，上有宫殿 3 层，房间 2000 多间。

故宫建筑设计严谨，表明了我国古代的木构建筑设计到明清时期已经非常的规范化和程序化。在这一时期，殿式建筑以"斗口"作为基本模数。每一个等级的各部分用料尺度是一定的。确定了斗口，就确定了各种尺度，大大简化了工程营建的程序。拼合梁柱构件技术也是这一时期的重大成果。通过小块木料的拼合组成可用的大木料，大大节省了工程用料。在建筑施工中，广泛采用了模型设计的方法，称之为"烫样"。

故宫是我国同时也是世界上现存规模最大最完整的古代木结构建筑群。它是我国木结构建筑的典范。1987 年，联合国教科文组织世界遗产委员会将其列为世界文化遗产。

外五龙桥   承天门是皇城的入口

《皇都积胜图》之承天门
《皇都积胜图》绘于明朝中、晚期，重现了北京城的繁华面貌，包括正阳门、棋盘街、大明门、承天门、皇宫等范围。图中所见是承天门内外的商业活动，摆摊的小贩成行成市，热闹非凡。

万里长城与
江南园林
Jiang Nan Yuan Lin

角山长城

从这部分的长城段可以看出长城的基本结构，墙体全部用条石青砖筑成。城墙高7～8米，可容5马或10人并行；女墙约1米高，供射击及瞭望用；墙台为实心，每隔50～100米就有一个，便于从侧面攻击登城的敌人，也是巡哨之处，有时建有小屋以避风雨。

明朝初期，为了防御北逃的元朝残余势力的南下骚扰，明太祖朱元璋下令修筑长城。到了明朝中期，东北女真的兴起，严重威胁边境安全，修筑长城以加强防务成了明朝的一件大事。明代从开国之初修筑，历时100多年时间，直到后期才最终完成了万里长城的全部工程。

明代长城是中国历史上规模最大的长城，也是现存最完整、最坚固和最雄伟的长城。它西起甘肃嘉峪关，东到鸭绿江，横亘甘肃、宁夏、陕西、山西、内蒙古、河北、北京、天津、辽宁等省、市、自治区，全长12700多里（合6350多公里），是名副其实的"万里长城"。

长城整体是由城墙、敌台、烽火台、关城4个部分组成。城墙高大坚固，是用来防御敌人进攻的设施。敌台的上层可以守卫射击，下层可以供士兵居住和储存粮械。烽火台是用来传递军情的设施；关城建在地势险要之处，是长城的重要防守据点。

明代长城不仅工程量巨大，而且在工程材料和修筑技术上也有很大进步。在修筑过程中，根据不同的自然条件，采用了不同的修筑方法。长城的西半部（山西以西）地处大漠戈壁，采用夯土筑成；东半部（山西以东至山海关）建在崇山峻岭间，采用外部用砖石砌、里面夯土筑的方法。长城的修筑采用砖砌和石灰浆勾缝，标志着我国古代砖构建筑技术进入了一个新的发展阶段。

烽火台

敌楼

驰道

垛口

防御墙

明长城的防御设施示意图
延绵6000公里的长城，依山而建，构筑成一条蜿蜒绵长的防卫线。
简单说来，长城由图中几部分组成，体系严密，为防御而设。

明代万里长城的修筑，反映了明清时期我国古代的建筑技术已经达到了相当高的水平。同时，这一时期还是我国园林建筑艺术的集成时期。

明清的园林建筑技术是在承继传统的基础上发展和提高的，这一时期修建了很多规模宏大的皇家园林，譬如明代故宫里的御花园、清代的避暑山庄等等。士大夫阶层为了家居生活的需要，也加入到建造园林的行列里来。他们聘请园林匠师设计建造以山水为主、饶有山林之趣的宅园，作为日常的聚会、游息、宴客、居住之用。

这些私家园林，一般多建在城市里面或是近郊，连通住宅。宅园多叠石理水，设置亭、台、楼、阁，栽植树木花草，力求在不大的面积内追求空间艺术的变化。巧于因借是园林设计的一大特点，利用借景的手法，使得盈尺之间俨然广阔大地。宅园以欣赏为主，风格上讲究素雅精巧，审美意境上追求平中求趣和拙间取华。

明清时期，私家园林很多，几乎遍布全国各地，在江南一带尤其兴盛，也最具代表性。

江南的私家园林，在风格上与北方园林不同，是以开池筑山为主的自然

造园理论著作《园冶》

作者是明末著名造园家计成，成书于明崇祯四年（1631年），崇祯七年刊行。

全书共3卷，卷二是图式，附图235幅。内容由兴造论和园说两部分组成。在兴造论里，作者阐明写书的目的，着重指出园林兴建的特性是因地制宜，灵活布置。园说是全书的主体，分为相地、立基、屋宇、装拆、门窗、墙垣、铺地、掇山、选石、借景10个部分。

《园冶》集中反映了中国古代造园的成就，系统总结了造园的经验，是研究中国古代园林的重要著作。

式风景山水园林。

江南园林之所以名动天下，是因为它具有很多有利的条件。首先江南一带河湖密布，自然条件得天独厚；其次在造园材料上有丰富的玲珑空透的太湖石等。合理的地形加上丰富的材料，再结合江南文化的底蕴，江南园林汇集自然美、建筑美、绘画美和文学艺术于一身，能给人以艺术的享受。

江南园林集中在扬州、苏州、无锡、湖州、常熟、上海、南京等城市，其中又以苏州和扬州最为著名，有"江南园林甲天下，苏州园林甲江南"之说。苏州一地有大小园林几十处，著名的有拙政园、留园、狮子林等。苏州在明清时期经济发达，商贾云集，造林活动俨然成为风尚，前后长达300余年之久。苏州也就成了私家园林的集中地，

这一时期随着造园运动的开展，有很多的文人画家参与到园林的设计与造园实践中。其中比较著名的有明朝的计成、张南阳和周秉成，清代的张链、张然和叶眺等。他们既擅长绘画，又是造园家，为园林建筑的发展做出了巨大的贡献。

寄畅园

寄畅园位于江苏省无锡市惠山，建于明代正德年间，取王羲之《兰亭集序》"因寄所托"、"畅叙幽情"之意，定名为寄畅园。明清是我国园林艺术的集大成时期，此时除了营造规模宏大的皇家园林外，封建士大夫为了满足日常游息、聚会、宴客、居住的需要，在城市中大量营造以山水为骨干、饶有自然意趣的宅园。这个时期的自然山水园林进一步向注重生态环境的方向发展，从而在中国古典园林的成熟期内形成了朴素的园林生态观，对后世中国园林的生态观念产生了一定影响。

朱载堉 发明十二平均律

Fa Ming Shi Er Ping Jun Lü

《乐律全书》书影

《乐律全书》中详论了"十二平均律"理论。该书中还记录了当时的民间歌曲和舞蹈，并提出了关于歌唱和乐器演奏艺术的见解。

明代朱载堉创制的平均律是中国乃至世界音乐科学的重大成就。十二平均律被西方誉为"中国的第五大发明"。1997 年 11 月，江泽民在美国哈佛大学演讲时，这样评价道："朱载堉首创的平均律，后来被定为国际通行的标准音调。"

朱载堉(1536 ~ 1611 年)，字伯勤，号山阳酒狂仙客，又号狂生，谥端清，史称"端清世子"。

朱载堉出身明王朝皇族，是明太祖朱元璋的九世孙。其父朱厚烷为郑恭王。朱载堉小时悟性就很高，在他父亲及老师何瑭的熏陶下，十分喜爱音乐，并广泛学习了诗文、音律和数学等。11 岁的时候，朱载堉被立为世子。

明嘉靖二十九年（1550 年），因皇族之间的权力纷争，其父朱厚烷被诬陷削爵，禁锢于安徽凤阳。朱载堉愤然离开王宫，在附近山上筑了一间简陋土屋，独居 10 多年，潜心从事学术方面的研究。嘉靖三十九年（1560 年），朱

三分损益律

三分损益律大约出现于春秋中期，甚而是春秋初期。

它是中国音律史上最早产生的完备的律学理论，被称为"音律学之祖"。

《管子·地员篇》、《吕氏春秋·音律篇》分别记述了它的基本法则。具体的计算方法是把始音的弦长分为三等份，去其一份（乘以 2/3）谓之损，加上一份（乘以 4/3）谓之益。依次进行 12 次，完成一个八度的 12 个律的数值计算。

"三分损益"法计算到最后一律时不能循环复生，是一种不平均的"十二律"。

载堉写出了我国第一部研究古代乐器的著作《瑟谱》。

隆庆元年（1567年），其父平反昭雪，恢复爵位，朱载堉也恢复了世子身份，但他没有去追求享乐的生活，仍然一心一意地研究学术。万历九年（1581年），朱载堉46岁时，完成了十二平均律的理论计算，登上了乐律学的最高峰。

万历十九年（1591年），其父病逝，朱载堉承袭爵位。为了专心学术，他7次上疏，请求让位。在第6次上疏后，朱载堉毅然离开王宫，搬到城东北的九峰山，开始过隐居生活，被老百姓称为"布衣王爷"。70岁的时候，朱载堉完成了凝聚了他毕生心血的科学巨著《乐律全书》。

万历三十九年（1611年），朱载堉积劳成疾，长眠在九峰山下，享年76年。

朱载堉一生著述丰富，共30多部，涉及领域很广，包括乐律、数学、物理、天文历法、计量、音乐和舞蹈等学科。

朱载堉在科学领域内的贡献是多方面的。在天文历法方面，他写了历学著作《律历融通》，还在总结前人经验的基础上编著了《律法新说》，包括《黄钟历法》、《黄钟历议》和《圣寿万年历》等。他还精确计算出了回归年长度值，精确度几乎与现在国际通用值相同。专家利用高科技测量手段对朱载堉关于1554年和1581年这两年的计算结果进行验证发现：朱载堉计算的1554年的长度值与我们今天计算的仅差17秒，1581年差21秒。在物理学方面他发明了累黍定尺法，精确地计算出北京的地理位置与地磁偏角。在算学方面，他首次运用珠算进行开方，研究出了数列等式，解决了不同进位制的小数换算。

朱载堉最杰出的成就还是发明十二平均律。

纯律

是用纯五度（弦长之比为2∶3）和大三度（弦长之比为4∶5）确定音阶中各音高度的一种律制。因为纯律音阶中各音对主音的音程关系与纯音程完全相符且其音响也特别协和，故而得名。

中国古代没有出现过关于纯律的理论，但是它的确存在并被人们使用着。在七弦琴第3、6、8、11等四个徽，依次当弦度1/5、2/5、3/5、4/5处，其比值的分母均为5，为纯律所独有。从湖北随县曾侯钟铭所反映出来的"三度生律法"，表明在2400多年前的战国时期人们已经开始使用纯律。

律学，也称音律学或乐律学，是研究发声体发音高低比率的规律和法则的一门学问，属于声学的一个分支。

在朱载堉发明十二平均律之前，人们一直使用的是三分损益律，因为这种律不平均，"算术不精"，无法还原返宫。为了弥补这一缺陷，朱载堉创立了新法，精确规定了八度的比例，并把八度分为12个相等的半音，即："置一尺为实，以密率除之凡十二遍。"密率即为十二平均律的公比数，为2的12次方根，数值为1.059463。

　　十二平均律的优点是能够旋宫转调，特别是在琴键乐器中，可以根据需要任意使用所有的键，因此被广泛应用于世界各国的键盘乐器之上，包括钢琴；朱载堉也因为这个发明被誉为"钢琴理论的鼻祖"。十二平均律被西方普遍认为是"标准调音"、"标准的西方音律"。

　　朱载堉发明十二平均律之后，大胆地进行了音乐实践，他精心制做出了世界上第一架定音乐器——弦准，制作了36支铜制律管。在乐器制造的过程中，他把音乐和舞蹈分成了两个学科，首次提出"舞学"一词，并为舞学制定了大纲，奠定了理论基础。朱载堉用他的聪明才智和持之以恒的努力，在广泛的科学领域里取得了多项世界第一：第一个创立了十二平均律；第一个制造出定音乐器；第一个用珠算进行开方；第一个创立"舞学"。难怪英国的皇家科学顾问李约瑟博士称朱载堉是"东方文艺复兴式的圣人"。

明画《入跸图》
此画描绘的是明代一个骑马鼓吹乐队正在表演的场景。

人痘接种防天花

Ren Dou Jie Zhong Fang Tian Hua

　　大家想必对天花已经很陌生了，因为这种曾令人闻而丧胆的疾病，早在1979年已被世界卫生组织正式宣布在全世界根除。而最后一株病毒也在2000年由世界卫生组织宣告消灭。1979年后出生的人都不再注射天花疫苗。

　　天花是一种极具感染力的病毒，是一种比鼠疫更为恐怖的传染病。天花病毒主要经由飞沫传染，传染力非常强，能够迅速使人死亡。

　　我国是世界上最早在预防天花病毒上取得突破的国家。根据清初朱纯嘏《痘疹定论》中记载，传说在宋真宗的时候，有一个叫王旦的宰相，他有好几个孩子，但都还没长大就死于天花。待到老年，王旦又生了一个儿子，并为他取名叫素，此时王旦既高兴又担心，他很担心儿子又遭遇到天花的袭击，便召集了很多儿科医生来商议。当时有人提议说，四川峨眉山有一个身怀绝技的女"神医"，专治痘症，万无一失。王旦立即派人去把神医请来为王素种痘，种痘后的王素以后再没感染天花，一直活到了67岁。

　　记载的可靠性已经不能考察了，但是这种人痘接种技术的确在民间流传。有史料证明，至少在16世纪中期，中国已经有了人工种痘来预防天花的做法。

明朝在医学上的进步

范畴	明朝以前的情况	明朝的发展
病症	天花是无法预防的病症。	发明人痘接种法，把天花患者的痘痂，用水研粉为痘苗。这种人痘接种法经过改良，成功率达97%，并启发了英国医生1796年发明牛痘接种法。
病理	《伤寒论》自东汉以来，一直认为伤寒是由皮毛侵入人体引起的，以此作为治疗所有疾病的依据。	《瘟疫论》提出传染病是由戾气引起的。戾气由口鼻侵入体内，侵犯的部位不同引起的病症也不同。从此由感染而引起的疾病得到正确的治疗。
著作	宋朝的《证类本草》共31卷60万字，载有草药1748种，以类别分为10部，每部再分上、中、下品。	《本草纲目》收药1892种，分52卷，达190万字。以多级分类法来分，以16部为纲，60类为目。分类比前朝的药物学著作更精密，检索更容易，并注重药物考订。

当时，在安徽有人世代以种痘为业。其基本方法就是先收取痘疮的稀浆贮于小瓷瓶内，遇到想预防天花的小孩，就把痘浆涂染在小孩的衣服上，造成一次人工感染。

人工种痘的方法有很多种，清乾隆七年（1742 年）吴谦等编著的《医宗金鉴》介绍了接种人痘的四种方法：痘衣法（接种的人穿上痘疮患者的内衣，以引起感染，这是最原始的一种方法）、痘浆法（采取痘疮的泡浆，用棉花蘸塞于被接种者的鼻孔，以引起感染）、旱苗法（采取痘痂，研末，以银管吹入鼻孔，引起感染）和水苗法（采取痘痂调湿，用棉花蘸塞于鼻孔，引起感染）。这些方法各有差异，但是其主旨都是"引胎毒外出"，

清代天花患者图

明清时期常用的预防疫病措施

(1) 药物预防：药物外用预防疫病，药物有辟温杀鬼丸、雄黄丸等，还可以用雄黄酒外涂，也能达到很好的效果。

(2) 隔离预防：清代熊立品在《治疫全书》中告诫道："温疫盛行，递相传染之际，毋近病人床榻，毋食病家时菜，毋拾死人衣服。"

(3) 空气消毒：《本草纲目》等书中记载，对于疫病流传的地区，可在房内用苍术、艾叶、白芷、丁香、硫黄等药物焚烧以进行空气消毒。

(4) 蒸煮消毒：李时珍提出，对病人接触过的衣被等，放在蒸笼中蒸或用开水煮沸进行消毒，则"一家不染"。

(5) 消灭虫害：消灭虫害，切断传播媒介，来防止疾病流行。清代洪雅存《北江诗话》记载说："赵州有怪鼠，白日入人家，即伏地吐血死，人染其气，亦无不立殒者。"消灭老鼠、蚊、蝇、蛆、虱等虫害，能够有效地预防疫病流传。

英国贞纳发明牛痘预防天花

18世纪中叶，欧洲天花流行，此时英国的奶牛群也正流行牛痘。英国乡村医生贞纳惊奇地发现，挤奶的女工很少患病，就算患病也很少死去。他产生了接种牛痘预防天花的想法。1796年5月14日，贞纳给一位牧工8岁的儿子詹姆斯·菲普斯接种了牛痘，菲普斯发热后，很快痘疮结痂，恢复了健康。2个月之后，贞纳从一个严重天花病人身上取来一滴痘液，接种在菲普斯的手臂上，检验他的免疫能力。7天过去了，菲普斯健康如初。接种牛痘预防天花的试验取得了成功。

工造成感染，形成终身免疫。

早期的种痘术，所采用的是天花的痂或浆，叫做"时苗"。人工接种，对于时苗的选择也有不同。有的选择出痘过程顺利的为时苗，有的选择人工接种后的痘痂为时苗。相较而言，后者的安全性明显高于前者。因选择不同，相应地分出两大流派：湖州派和松江派。人们逐渐认识到经过多次接种后的时苗安全性更高。"其苗传种愈久，则药力之提拔愈清，人工之选练愈熟，火毒汰尽，精气独存。"连续接种7次，就被称之为"熟苗"。

我国的人痘接种术在预防天花方面发挥了很大作用，并且传播到海外，引起了其他国家的重视和仿效。1652年，名医龚廷贤的弟子戴曼公将这种方法带到了日本；1688年，俄国首先派医生来北京学习种痘；18世纪20年代以后，人痘接种术传入土耳其和英国等地，被人们用于预防天花，并且直接启发了英国柏克立的乡村医生贞纳发明种牛痘预防天花。由此不难发现，人痘接种法实在不愧是世界人工免疫学的先驱。

人工种痘防天花，反映了我国明清时期医学在免疫学方面的发展。明清时期的经济发展，极大地带动了医药学的发展。药材贸易不仅在国内很繁荣，而且在海外贸易中也占有一席之地。明清鼎盛的南北药材市场，南有禹州（今河南禹州），北有祁州（今河北安国）。大城市相继出现了很多著名的药店。

明清在医学理论方面，明显不如金元，虽然医学著作很多，但是都缺乏独立的见解，整体处于孱弱时期。

李时珍与《本草纲目》

Ben Cao Gang Mu

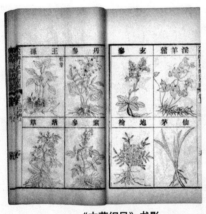

《本草纲目》书影

李时珍（1518～1593 年），字东壁，亦名可观，晚年号濒湖山人，湖北蕲州（今湖北蕲春蕲州镇）人。

李时珍出身于医学世家，其父李言闻是当地有名的医生，曾做过太医吏目。他从小爱好读书，14 岁考中秀才，后来参加乡试考举人，屡试不中。

20 岁那年，李时珍身患"骨蒸病"（即肺结核），幸得父亲精心诊治痊愈，于是下决心弃儒从医，潜心钻研医学。李时珍 24 岁开始学医，以后大量阅读了《内经》、《本草经》、《伤寒论》、《脉经》等古典医学著作。

经 10 余年刻苦钻研，30 多岁的时候，李时珍已经成为当地很有名望的医生。

1551 年，李时珍用杀虫药治愈了富顺王之孙的嗜食灯花病，因而医名大显，被武昌的楚王聘为王府的奉祠正，兼管良医所事务。1556 年，李时珍被楚王推荐到太医院工作，担任太医院判的职务。

在太医院期间，李时珍有机会饱览皇家珍藏的丰富典籍，并看到了许多药物标本，大大开阔了眼界。

在学医和行医的过程中，李时珍发现古代的本草书存在不少问题，"品数既烦，名称多杂。或一物析为二三，或二物混为一品"。在药物分类上经常"草木不分，虫鱼互混"。譬如说，天南星和虎掌原是一种药，却被误认为两种药；萎蕤与女萎本是两种药材，而有的本草书说成是一种；更严重的是，有毒的钩藤竟会被当作补益的黄精。李时珍认为产生这些错误的原因主要是对药物缺乏实地调查。他决心要重新编纂一部本草书籍。

李时珍不久就辞官回到蕲州，一面行医治病，一面编修《本草纲目》。他参阅了大量典籍，历30年，经过3次修改。1578年编成了该书终于杀青。

李时珍为了实地了解药物，几乎走遍了湖北、湖南、江西、安徽、江苏等地的名山大川，行程不下万里。对于似是而非或含混不清的药物，他都"一一采视，颇得其真"，"罗列诸品，反复谛视"。

当时，太和山五龙宫产一种"榔梅"，据说是可以让人长生不老的"仙果"。李时珍冒险采摘，研究发现它只是一种变了形的榆树的果实，只能生津止渴而已。李时珍还通过对穿山甲的考察，证实了它以蚂蚁为食，但不是由鳞片诱蚁，而是吐舌诱蚁。对动植物药的实地考察为李时珍编著《本草纲目》提供了可靠的第一手资料。

万历二十一年（1593年），李时珍逝世，终年75岁。

《本草纲目》共有52卷，190万字，分为16部（水、火、土、金石、草、谷、菜、果、木、服器、虫、鳞、介、禽、兽、人）62类，载有药物1892种，其中载有新药374种，收集医方11096个，绘图1111幅。在药物分类上改变了原有上、中、下三品的简单分类法，采取了"析族区类，振纲分目"的科学分类，过渡到按自然演化的系统上来。这种从无机到有机、从简单到复杂、从低级到高级的分类法在当时是十分先进的。其中对植物的科学分类，比瑞典的林奈早200年。《本草纲目》是一本既有总结性又有创造性的著作。

《本草纲目》除了在药物学方面有巨大的成就外，在化学、地质和天文等诸多方面也有突出贡献。譬如在化学方面，记载了纯金属、金属、金属氯化物、硫化物等一系列的化学反应。

《本草纲目》不仅是我国的一部药物学巨著，而且也是我国古代的百科全书。正如他儿子李建元在《进本草纲目疏》中说的："上自坟典、下至传奇，凡有相关，靡不收采，虽命医书，实该物理。"

《本草纲目》在万历年间就已经流传到了日本，以后又传到朝鲜和越南，并在17、18世纪传到了欧洲。

银锅

金铲

传统制药工具

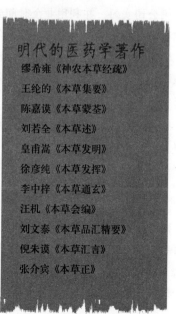

明代的医药学著作

缪希雍《神农本草经疏》

王纶的《本草集要》

陈嘉谟《本草蒙筌》

刘若全《本草述》

皇甫嵩《本草发明》

徐彦纯《本草发挥》

李中梓《本草通玄》

汪机《本草会编》

刘文泰《本草品汇精要》

倪朱谟《本草汇言》

张介宾《本草正》

茅以升造桥

Mao Yi Sheng Zao Qiao

　　茅以升（1896～1989年），字唐臣，江苏省丹徒县（今镇江丹徒区）人，国际著名土木工程学家和桥梁专家。

　　茅以升出生于经商世家，祖父茅谦曾是举人。茅以升出生不久就随家迁居到南京。他6岁读私塾，7岁到思益学堂就读，9岁入江南商业学堂。

　　1911年，茅以升考入唐山路矿学堂。1912年，孙中山到该校演讲，坚定了茅以升走"科学救国"、"工程建国"道路的决心。他学习刻苦，成绩优异，每次考试成绩都是全班第一。1916年，茅以升通过了美国康奈尔大学的研究生入学考试，随后赴美。他的成绩非常优秀，令该校教授们大为惊讶和赞叹。茅以升仅用1年就获得硕士学位。在毕业典礼上，校长当场宣布：今后凡是唐山工业专门学校（原唐山路矿学堂）的研究生一律免试注册。硕士毕业后，茅以升经导师贾柯贝介绍，到匹兹堡桥梁公司实习，并利用业余时间到卡内基理工学院夜校攻读工学博士学位，1919年成为该校首名工学博士。博士论文《桥梁桁架次应力》的创见被称为"茅氏定律"，荣获康奈尔大学优秀研究生"斐蒂士"金质研究奖章。

茅以升的造桥理论

　　茅以升结合钱塘江桥的设计与施工，系统研究了"流沙与冲刷的关系"、"如何将木桩头深深埋入江底"、"倾斜岩层上的沉箱如何稳定"、"合金、铬钢杆件的性质"等，还研究了古代桥梁的建筑，为我国的桥梁理论奠定了基础。

　　1920年，茅以升回国，出任交通大学唐山学校（原唐山路矿学堂）教授，成为国内最年轻的工科教授。次年，升为交通大学唐山学校副主任（副院长）。1922年7月，茅以升受聘到国立东南大学担任教授。1923年，该校设立工科，他成为首任主任。1924年，东南大学工科与河海工程专门学校合并，成立河海工科大学，茅以升任首届校长。1926年，他担任北洋大学教授。1928年，任北平大学第二工学院（即北洋工学院）院长。1930年，任江苏省水利局局长，主持规划象山新港。1932年，重回北洋大学任教。1933年，茅以升接受浙江省的邀请，担任钱塘江桥工委员会主任委员、钱塘江桥工程处处长，他用不到两年半的时间建成了钱塘江大桥。1942年，茅以升赴贵阳任桥梁设计工程处处长，负责筹备中国桥梁公司。

科普作家茅以升

茅以升旧照

茅以升学术精湛，著述颇丰，除专业著作外，还写了大量的科学读物，如《五桥颂》、《二十四桥》、《人间彩虹》、《中国的石桥》等，毛泽东称赞他说："你的《桥话》（载于1963年《人民日报》）写得很好！你不但是科学家，还是个文学家呢！" 在他发表的200多篇论著中，有关科普工作的论著和科普文章约占1/3。他的《没有不能造的桥》一文荣获1981年全国新长征科普创作一等奖。

新中国成立后，茅以升担任铁道技术研究所所长（后为院长），为我国早期的铁道科研事业做出了巨大的贡献。在桥梁方面，他参与建设了新的钱塘江大桥和武汉长江大桥。

茅以升在科学上的突出成就是在造桥方面。

我国古代造桥技术非常高超，一度居于世界领先水平，可是到了近代，世界造桥史上再也没有出现过中国人的名字，近代化的大桥似乎都是外国人的专利。我国境内的山东济南黄河大桥是由德国人修建的，安徽蚌埠的淮河大桥是由英国人修建的，黑龙江的松花江大桥是由俄国人修建的，广州的珠江大桥是由美国人修建的。茅以升打破了外国人垄断中国近代化大桥设计和建造的局面，在中国近代桥梁史上具有划时代的意义。

1933年，茅以升担任钱塘江桥工委会主委，他独立设计出了6个方案，最后一举夺标。这是中国人第一次自行设计和建造中国的第一座现代化大桥，其意义可想而知。

钱塘江又称钱江，地处入海口，潮水江流，风波险恶，水文情况复杂。尤其是潮头壁立的钱江潮与随水流变迁不定的泥沙，是建桥面临的两大难题。茅以升经过研究和设计，采用"射水法"、"沉箱法"、"浮运法"等解决了建桥过程中的一个个技术难题，保证了大桥工程的进展。除了这些困难外，他们还要应付日本飞机的轰炸。在解决大桥的最后一个技术问题时，茅以升进入6号墩的沉箱里面，刚好碰上日军轰炸，幸亏及时停电，才化险为夷。

在钱塘江大桥的建造过程中，茅以升对建桥的每一道工序都仔细检查，大到钢梁的架设，小到每一颗螺钉都有严格的检查程序，确保了大桥的质量和安全。长1453米、耗资160万美元修建的钱塘江大桥因为日本进攻杭州而被迫炸毁，存在了仅仅89天。抗战胜利后，茅以升又组织施工人员修复大桥，使钱塘江大桥得以重新飞跨在钱塘江的波涛之上。

茅以升建造钱塘江大桥，在我国近代桥梁史上留下了光辉灿烂的一笔。茅以升对我国桥梁事业的贡献也将为人们铭记。

数学大师华罗庚

Shu Xue Da Shi Hua Luo Geng

华罗庚（1910～1985 年），江苏省金坛市人，中国现代数学家，也是我国在世界上最有影响的数学家之一。

华罗庚出生于一个贫穷的家庭，父亲以开杂货铺为生。华罗庚自幼喜爱数学，常常因为思考问题过于专心而被同伴们戏称为"罗呆子"。

1921 年，华罗庚进入金坛市立初中，他的数学才能被老师王维克发现，王维克尽心尽力地培养这位有着独特天赋的数学奇才。

1924 年，华罗庚初中毕业后，升入上海中华职业学校，因为拿不出学费而中途退学。

辍学回家的华罗庚，开始一边帮着父亲经营杂货铺，一边顽强地自学数学。他每天学习达 10 个小时以上，有时睡到半夜，想起一道数学难题的解法，也会翻身起床，点亮油灯，把解法记下来。经过 5 年时间的努力拼搏，华罗庚终于学完了高中和大学低年级的全部数学课程。

1928 年，华罗庚不幸染上伤寒病，全靠新婚妻子的照料才得以保住性命，但是却落下终身的左腿残疾。

在贫病交加中，华罗庚始终没有放弃数学研究，他接连发表了好几篇重要的论文，引起清华大学熊庆来教授的注意。

1931 年，在熊庆来教授的帮助下，华罗庚来到清华大学数学系，担任一名助理研究员。他用 1 年半的时间学完了数学系全部课程，还自修了英文和德文，能用英文写论文。在这期间，他在国外杂志上发表了三篇论文，被清华大学破格聘为助教。

1936 年夏，华罗庚被保送到英国剑桥大学进修，两年之内发表了 10 多篇非常有价值的论文，博得国际数学界的赞赏。

1938 年，华罗庚回国，担任西南联合大学教授。在昆明郊外一间牛棚似的小阁楼里，他写出了 20 世纪的数学经典论著《堆垒素数论》。

1946 年 3 月，华罗庚应邀访问苏联。同年 9 月，应纽约普林斯顿大学邀请去美国讲学。1948 年，华罗庚被美国伊利诺依大学聘为终身教授。

1949 年，华罗庚毅然放弃国外的优裕生活，于 1950 年 3 月携全家回到祖国。他先后担任了清华大学数学系主任、中科院数学所所长等职。期间华罗庚对于人才的培养格外重视，发现和培养了王元、陈景润等数学人才。特别是他发现陈景润更是数学界的一段佳话。他亲自把陈景润从厦门大学调到中科院数学研究所。

1958 年，华罗庚担任中国科技大学副校长兼数学系主任。从 1960 年开始，华罗庚在工农业生产中推广统筹法和优选法，足迹遍及 27 个省市自治区，为新中国创造了巨大的物质财富和经济效益。1978 年 3 月，他被任命为中科院副院长，1984 年又以全票当选为美国科学院外籍院士。

1985 年 6 月 12 日，华罗庚应邀到日本东京大学做学术报告，原定 45 分钟的报告在经久不息的掌声中延长到 1 个多小时。结束讲话时，突然心脏病发作，不幸逝世，享年 74 岁。

华罗庚在数学方面贡献巨大。他一生主要从事解析数论、矩阵几何学、典型群、自守函数论、多复变函数论、偏微分方程、高维数值积分等领域的研究，并取得了突出的成就。华罗庚在 20 世纪 40 年代就解决了高斯完整三角和的估计这一历史难题，得到了最佳误差阶估计（此结果在数论中有着广泛的应用）；证明了历史长久遗留的一维射影几何的基本定理；给出了体的正规子体一定包含在它的中心之中这个结论的一个简单而直接的证明，被称为嘉当－布饶尔－华定理；对 G．H．哈代与 J．E．李特尔伍德关于华林问题及 E·赖特关于塔里问题的结论作了重大改进，至今仍是最佳纪录。华罗庚的著作《堆垒素数论》系统地总结、发展与改进了哈代与李特尔伍德圆法、维诺格拉多夫三角和估计方法及他本人的方法，发表后 40 余年来其主要成果仍居于世界领先水平，成为 20 世纪经典数论著作之一。另一部数学专著《多个复变典型域上的调和分析》以精密的分析和矩阵技巧，结合群表示论，具体给出了典型域的完整正交系，从而得出了柯西与泊松核的表达式，在国际上有着很深的影响。华罗庚以其杰出的数学成就，当之无愧成为我国 20 世纪伟大的数学家之一。

华罗庚的恩师熊庆来

熊庆来（1893～1969 年），字迪之，云南省弥勒县人，我国著名数学家、数学教育家，东南大学数学系创始人。1907 年考入云南高等学堂。1913 年以第 3 名考取云南留学生，1913～1914 年在比利时包芒学院预科学习，1915～1920 年在法国留学，1921 年初回国任教。1926 年秋，应邀担任清华学校教授。1929 年，主持开设清华大学算学研究所，次年录取陈省身等为研究生。1931 年召华罗庚至清华大学任助理研究员。1949 年 9 月，随梅贻琦团长赴巴黎出席"联合国教科文组织"第 4 次大会，会议结束后暂留巴黎做研究工作。1957 年 6 月回到北京，后死于"文革"中。熊庆来的突出贡献是建立了无穷级整函数与亚纯函数的一般理论。

侯氏制碱法

Hou Shi Zhi Jian Fa

侯德榜像

侯德榜（1890～1974年），名启荣，号致本，福建省闽侯县人，我国著名科学家、杰出的化工专家。

侯德榜在化学工业史上以独创的制碱工艺闻名，是新中国重化学工业的开拓者，被称为"国宝"。

侯德榜出生在一个普通农家，自幼半耕半读，勤奋好学，有"挂车攻读"之美名。1903年，侯德榜得到姑妈资助到福州英华书院学习，并于1906年毕业。1907年，他考入上海闽皖铁路学院，1910年毕业后在英资津浦铁路当实习生。在这一时期，侯德榜目睹了帝国主义凭借技术优势对贫穷落后的中国人民进行残酷剥削与压迫，立志要学好科学技术，走工业救国的道路。

1911年，侯德榜考入北京清华留美预备学堂，以10门功课1000分的成绩誉满清华园。1913年，他被保送美国麻省理工学院，1916年毕业，获学士学位。再入普拉特专科学院学习制革，次年获制革化学师文凭。1918年，又入哥伦比亚大学研究院研究制革，并于1919年获硕士学位。1921年，他以《铁盐鞣革》的论文获该校博士学位。他的论文在《美国制革化学师协会会刊》连载，全文发表，成为制革界至今广为引用的经典文献之一。

1921年，侯德榜接受爱国实业家范旭东的邀请，回国担任永利碱业公司的技师长（即总工程师）。他知道创业之初需要实干精神，于是脱下西服，换上了蓝布工作服和胶鞋，同工人一起工作。经常是哪里出现问题，他就出现在哪里。

当时在制碱行业，帝国主义实行技术垄断，中国在技术方面一片空白。侯德榜认真研究，终于揭开了索尔维制碱法的秘密，打破了洋人的技术封锁。

索尔维制碱法

向饱和食盐水中通入足量氨气至饱和，然后在加压情况下通入 CO_2（由 $CaCO_3$ 煅烧而得），因 $NaHCO_3$ 溶解度较小，故有下列反应发生：

$NH_3+CO_2+H_2O===NH_4HCO_3$

$NaCl+NH_4HCO_3===NaHCO_3\downarrow+NH_4Cl$

将析出的 $NaHCO_3$ 晶体煅烧，即得 Na_2CO_3：

$2NaHCO_3===Na_2CO_3+CO_2\uparrow+H_2O$

母液中的 NH_4Cl 加消石灰可回收氨，以便循环使用：

$2NH_4Cl+Ca(OH)_2===CaCl_2+2NH_3\uparrow\uparrow+2H_2O$

此法优点： 原料经济，能连续生产，CO_2 和 NH_3 能回收使用。

缺点： 大量 $CaCl_2$ 用途不大；$NaCl$ 利用率只有 70%，约有 30% 留在母液中。

1926年，永利碱厂终于生产出合格的纯碱，命名为"红三角"牌中国纯碱。在当年美国费城举办的万国博览会上，一举获得了金质奖章，被誉为"中国工业进步的象征"。

侯德榜摸索到索尔维制碱法的奥秘，本可以高价出售专利而大发其财，但是他并没有这样做。跟范旭东想法一样，侯德榜主张把这一秘密公布于众，让世界各国人民共享。侯德榜把制碱法的全部技术和自己的实践经验写成专著《制碱》，1932年在美国出版。

永利碱厂投入正常运行后，永利公司计划筹建永利硫酸铵厂。侯德榜又开始了从无到有的"创业"历程，跟外商谈判，选购设备，终于在 1937 年，硫酸铵厂首次试车成功，并很快成为亚洲一流的化工厂。

日本侵略者看中硫酸铵厂的

联合制碱法（侯氏制碱法）

根据 NH_4Cl 在常温时的溶解度比 $NaCl$ 大，而在低温下却比 $NaCl$ 溶解度小的原理，在 278K～283K(5℃～10℃) 时，向母液中加入食盐细粉，而使 NH_4Cl 单独结晶析出供做氮肥。

此法优点：保留了氨碱法的优点，消除了它的缺点，使食盐的利用率提高到 96%，NH_4Cl 可做氮肥；可与合成氨厂联合，使合成氨的原料气 CO 转化成 CO_2，省却了 $CaCO_3$ 制 CO_2 这一工序。

军事价值，先后 3 次重金收买侯德榜和范旭东。侯、范二人明确表示："宁肯给工厂开追悼会，也决不与侵略者合作。"日本侵略者恼羞成怒，派飞机对碱厂进行狂轰滥炸。在这种严峻的情况下，侯德榜当机立断，组织技术骨干和老工人转移，并把重要机件设备拆运西迁。

1938年，永利公司在四川岷江岸边的五通桥组建永利川西化工厂，侯德榜担任厂长兼总工程师。当时四川的条件不适于沿用索尔维制碱法。

侯德榜决心改进索尔维制碱法，开创出更先进的技术来。他认真总结了索尔维法的优缺点，发现其缺点在于，两种原料组分只利用了一半，即食盐（NaCl）中的钠和石灰（CaCO₃）中的碳酸根结合成纯碱（NaCO₃），另一半组分食盐中的氯却和石灰中的钙结合成了氯化钙（CaCl₂），没有用途。

针对这些缺陷，侯德榜创造性地设计了联合制碱新技术。这个新技术是把氨厂和碱厂建在一起，联合生产。由氨厂提供碱厂需要的氨和二氧化碳。母液里的氯化铵用加入食盐的办法使它结晶出来，作为化工产品或化肥。食盐溶液又可以循环使用。

联合制碱法于1941年研究成功，1943年完成半工业装置试验。这一技术是侯德榜在艰苦环境中经过500多次循环实验，分析了2000多个样品，才最终成功的。新工艺使得食盐的利用率从70%一下子提高到96%，也使原来无用的氯化钙转化成化肥氯化铵，解决了氯化钙占地毁田、污染环境的难题。该方法把世界制碱技术水平推向了一个新高度，赢得了国际化工界的高度评价。1943年，中国化学工程师学会一致同意将这一新的联合制碱法命名为"侯氏联合制碱法"。

新中国成立后，侯德榜继续在化工领域努力工作，他还设计了碳化法制造碳酸氢铵的新工艺，为我国的化肥工业发展做出了巨大贡献。

侯德榜著书立说

《制碱》一书于1932年在纽约列入美国化学会丛书出版。这部化工巨著第一次彻底公开了索尔维法制碱的秘密，被世界各国化工界公认为制碱工业的权威专著，相继译成多种文字出版，对世界制碱工业的发展起了重要做用。美国的威尔逊教授称这本书是"中国化学家对世界文明所作的重大贡献"。

《制碱工学》是侯德榜晚年的著作，也是他从事制碱工业40年经验的总结。全书在科学水平上较《制碱》一书有较大提高。该书将"侯氏碱法"系统地奉献给读者，在国内外学术界引起强烈反响。

李四光与
地质力学

Di Zhi Li Xue

李四光

李四光（1889～1971年），原名仲揆，湖北省黄冈回龙山香炉湾人，我国著名的地质学家。李四光出生于一个贫寒的家庭，1902年入武昌高等小学堂，在填写报名单时，误将姓名栏当成年龄栏，写了"十四"。他发觉后，已经不能再改了，于是灵机一动，"十"添上几笔改成了"李"字。可是"李四"这个名字不好听，这时候他抬头看见中堂上挂有一块匾，上面写着"光被四表"，就在"李四"后加了一"光"字，从此就有了个更加响亮的名字：李四光。

1904年7月，李四光被破格选送到日本留学，1910年7月毕业回国。在留日期间，李四光加入了同盟会，孙中山抚摸着他的头说：你年纪这么小就参加革命很好，你要"努力向学，蔚为国用"；当时他年仅16岁。1911年9月，李四光参加清政府的留学毕业生考试，获得最优等的成绩，赐工科进士，成为我国历史上最后一批进士之一。民国成立后，李四光担任湖北军政府实业部部长。后来因为目睹袁世凯杀害革命党人，辞掉职务，决心留学英国。1913年10月，李四光到英国伯明翰大学学习采矿和地质，于1918年获得自然科学硕士学位。1920年回国，到北京大学担任地质系教授。1921年升为北大地质系主任，期间带领学生在河北和山西等地野外实习，在太行山东麓首次发现中国第四纪冰川。

当时，国际上一直充斥着中国内地第四纪无冰川的谬论。为了证明中国有第四纪冰川的遗迹，李四光走遍了长江中下游、江西庐山、安徽黄山和华南等地，经过深入调查，收集到很多证据，发表了一系列关于中国第四纪冰川的文章。他考察出庐山是"中国第四纪冰川的典型地区"。他的成果得到了国际科学界的承认。中国第四纪冰川理论的确立，是我国第四纪地层学和气候学研究上的一个重要里程碑。

1928年李四光担任中央研究院地质所所长，1929年被英国伦敦地质学会选为国外会员，1931年被伯明翰大学授予自然科学博士学位，1934年应邀赴英国伯明翰和剑桥等大学讲学，1936年回国后继续进行地质考察和研究工作。1947年7月，

地质力学里地面形迹构造的三种类型

李四光认为，现存于地球表面的一切形变（构造）现象，其方位、形体特征等，对地球自转轴来说，都是有规律的。这些有联系的构造形迹，按照一定形式组合起来，形成一个特殊的体系，即构造体系。构造体系可分为三种类型：（1）纬向构造体系。在中国境内有三条东西走向的构造带，即天山——阴山东西构造带、昆仑山——秦岭东西构造带和南岭东西构造带。（2）经向构造体系。（3）各种扭动构造体系。包括山字形构造、多字型构造、人字形构造、棋盘格式构造和旋扭构造以及各种旋卷构造等。

李四光赴英国参加第 18 届国际地质大会，第一次应用他创立的地质力学理论，做了题为《新华夏海之起源》的学术报告，引起了强烈反响。从此，地质力学这门新学科正式进入世界科技殿堂。此后，李四光得知新中国成立的消息，冲破国民党反动派的阻挠，于 1950 年初回到祖国的怀抱。

回国后，李四光担任了新中国的地质部部长，做了大量的地质研究、勘探工作，探明了数以百计的矿种和矿产储量。他运用地质力学理论成功找到油田，使我国一举摘掉了贫油国的帽子。

李四光长期从事古生物学、冰川学和地质力学的研究，在鉴定古生物化石、发现中国第四纪冰川和创立地质力学等方面贡献卓著。他还开创了许多新的领域，包括同位素地质、构造带地质化学、岩石蠕变及高温高压实验、地应力测量、地质构造模拟实验等。纵论其一生，李四光在科学史上最大的贡献，莫过于创立了地质力学这一新兴边缘学科，这也是他凝注心血最多的一门学科。

我们知道，地质力学是一门研究岩石变形和破坏的学科。它是运用力学的观点研究地壳的各种构造体系和形式，进而追索地壳运动的起源，探讨性解决地壳运动问题的途径。地质力学的研究，对于矿产的分布规律、工程地质、地震地质等方面问题的解决具有重要的指导意义。李四光的地质力学思想较系统地体现在他所著的《中国地质学》、《地质力学的基础与方法》、《地质力学概论》等著作中。

李四光对古生物科的鉴定方法研究

李四光通过对大量化石的研究，深感描述鉴定烦琐，于是创立了鉴定的 10 条标准，大大提高了鉴定的科学性和准确性，这个标准后来也被中外学者所采用。运用这 10 条标准，李四光确定了中国北部 20 多个种属。

有志气的童第周

You Zhi Qi De Tong Di Zhou

童第周（1902～1979年），字蔚孙，浙江省宁波市鄞州区人，是20世纪中国著名的实验胚胎学家和生物学家。

童第周出生在一个农民家庭，他幼年丧父，家境清贫，全靠兄长抚养。1918年，童第周进入宁波师范读书，他学习勤奋，以优异的成绩考入省内名望极高的宁波效实中学三年级做插班生。

在效实中学，童第周因为基础薄弱，开始成绩全班倒数第一，但是他没有灰心。他经常在同学们就寝之后，在路灯光下努力学习，到期末考试的时候，他的成绩已经是全班第一了。当时的校长陈夏常感叹道："我当了多年校长，从来没有看到过进步这么快的学生！"后来童第周回忆说："在效实中学的第一，对我一生有很大影响。那件事使我知道自己并不比别人笨，别人能做到的，我经过努力也一定能做到。世上没有天才，天才是用劳动换来的。"

这件对童第周一生都有影响的事情反映出了他年纪轻轻就很有志气，这种志气使他在以后的科学之途上以巨大的努力获得令世人瞩目的成就来。因为他相信通过自己的努力，别人能做到的事情，他也能做到，而且可以做得更好。

1922年，童第周考入复旦大学，就读于哲学系心理学专业。1927年毕业后，由中央大学生物系主任蔡堡推荐，任中央大学生物系助教。1930年，童第周由亲友资助到比利时留学，师从布鲁塞尔大学著名的胚胎学家布拉舍教授，并于1934年获博士学位。在留学期间，他总是在默默地做实验，他的生物学天分引起了另一位导师达克教授的注意。1931年夏天，在法国的海滨实验室，童第周顺利完成了海鞘卵子外膜剥离实验，获得了在国际生物学界声誉很高的李约瑟的赞赏。"九·一八"事变发生后，童第周出于爱国和抗日热情，带头到日本驻布鲁塞尔使馆进行抗议，受到比利时警方的威胁。

童第周在实验室工作图

童第周为克隆技术做出贡献

1997 年，一头名叫多利的绵羊在英国出世。它是第一例体细胞克隆成功的哺乳动物，轰动了世界。其实，童第周从 1958 年就开始了克隆技术的研究工作，当时他们称之为"细胞核移植"。1963 年，童第周成功地进行了鱼的克隆，他的成果代表了当时国际同类工作的最高水平。他的下一个目标是更高等的哺乳动物。可是这个目标被文革打断，最终未能实现。近年，童第周的学生杜淼和陈大元成功克隆了兔子、山羊、牛、大熊猫等动物，也算完成了他的夙愿。

1934 年 7 月，童第周放弃国外优厚的条件，回到祖国，任教于国立山东大学生物系。1937 年抗日战争爆发后，他随山东大学内迁到四川万县。1938 年山东大学解散，他辗转了很多地方。1941 年 11 月，童第周受聘于同济大学。在离乱的日子里，他在经典胚胎学基础理论研究上取得重大突破，引起了国际瞩目。1942年底，李约瑟访问中国，参观了童第周简陋的实验室，对他在如此破陋的条件下获得如此巨大的成就表示惊叹。1946 年，童第周担任山东大学动物学系教授和系主任。1948 年，当选中央研究院院士。同年，应美国洛氏基金会邀请到美国耶鲁大学任客座研究员，1949 年 3 月回国。

新中国成立后，童第周继续担任山东大学动物系教授兼系主任。1950 年他受聘兼任中国科学院实验生物研究所副所长和中国科学院水生生物研究所青岛海洋生物研究室主任。1957 年担任中国科学院海洋生物研究所所长。1977 年出任中国科学院动物研究所细胞遗传学研究室主任。1978 年任中国科学院副院长。童第周在"文革"中受到迫害，后在邓小平亲自过问下，得以重返实验室。

1979 年 3 月，童第周病逝于北京，享年 77 岁。

童第周毕生致力于生物研究，工作起来一丝不苟，六七十岁了还坚持自己动手做实验，用他自己的话说，科学家不自己动手做实验就变成科学政客了。学生们到实验室看到的第一个人永远是童第周。他端坐在显微镜前，似乎和这些仪器一样成为实验室不可缺少的一部分。童第周的辛勤努力使他在实验胚胎学、细胞生物学和发育生物的研究方面取得了创造性的成果。他的研究工作始终居于国内外同类研究的先进行列。他在两栖类胚胎发育研究、文昌鱼的发现及其胚胎发育机理的研究、鱼类的胚胎发育能力和细胞遗传学研究，尤其是在生物遗传学理论的研究中都有杰出的贡献。他培育出的兼具金鱼和鲫鱼性状的"单尾金鱼"被称之为"童鱼"。

童第周以他杰出的生物学研究方面的贡献，当之无愧成为我国实验胚胎学的主要创始人之一。

"导弹之父" 钱学森

Dao Dan Zhi Fu

钱学森像

钱学森是中国 20 世纪最杰出的科学家，他是一颗璀璨的明星，他在导弹、工程控制以及系统论等诸多方面获得了开创性的成就，当之无愧地成为世界著名火箭专家，中国工程控制论专家、系统工程专家、系统科学思想家。

钱学森，浙江省杭州市人，1911 年 12 月 11日出生在上海。他的父亲钱均夫早年曾留学日本，是一位教育家，母亲章兰娟也聪颖过人。良好的教育环境，使得钱学森聪颖早慧。

1914 年，钱学森随父母迁居北京，1923 年考入北京师范大学附属中学，1929 年考入上海交通大学，就读于机械工程系火车制造专业，并于 1934 年毕业。在大学时代，钱学森学习认真，严格要求自己，成绩优异。

1935 年，钱学森以清华大学公费留学身份到美国麻省理工学院学习，仅用1 年时间就取得了该院航空系的硕士学位。次年 10 月，他师从美国著名空气动力学家冯·卡门教授，在加州理工学院学习航空工程理论，1939 年获航空与数学博士学位。钱学森在空气动力学、航空工程、喷气推进技术等尖端科技方面的才华，使他成为当时最有名望的优秀科学家之一。他与冯·卡门合作取得了多项成果，尤其是著名的"卡门－钱公式"，成为航空科学史上闪光的一页。

钱学森开创了工程控制论

钱学森在 20 世纪 50 年代初将控制论发展成为一门新的技术科学——工程控制论，为导弹与航天器的制导理论提供了基础。他把中国导弹武器和航天器系统的研制经验提炼成系统工程理论，应用于军事运筹和社会经济问题，成功地推进了作战模拟技术和社会经济系统工程在中国的发展。

二战期间，钱学森与马林纳合作，在冯·卡门的指导下，完成了美国第一枚导弹的设计工作，成为美国导弹技术的奠基人之一。1949年，钱学森推导出著名的"钱学森公式"，提出了航程3107英里（5000公里）的助推滑翔超音速飞行器的建议。20世纪40年代末，钱学森已被世界公认为力学界和应用数学界的权威和流体力学研究的开路人之一，以及卓越的空气动力学家、现代航空科学与火箭技术的先驱和创始人。

20世纪50年代，美国麦卡锡主义盛行，在国内疯狂迫害共产党人，1950年7月，美国政府取消钱学森参与机密研究的资格。钱学森遭受这样不公正的待遇，非常气愤，他决定回国。

出发前，钱学森被美国移民局逮捕，关押在拘留所里两个星期，后来被友人花钱保释出来。美国海军次长金布尔甚至叫嚣道："我宁肯把他枪毙，也不愿放回中国，无论在什么地方他（钱学森）都值5个师。"

在接下来的5年时间里，钱学森一直受到美国移民局的限制和联邦调查局特务的监视，只能教书和从事《工程控制论》的写作。

1955年10月，钱学森在中国外交人员的努力和协助下，终于回到祖国的怀抱。

对于钱学森回国一事，周恩来总理非常重视。他在20世纪50年代末一次会议上说："中美大使级会谈至今虽然没有取得实质性成果，但我们毕竟就两国侨民问

"长征"4号运载火箭

中国不但是世界最早发明火药的国家，而且也是世界上最早发明火箭的国家。根据现代的定义，所谓火箭，是指以火药燃烧时产生的高温、高压气体，形成反推力而腾空飞行的装置。中国至迟在12世纪中叶已发明火箭。

题进行了具体的建设性接触。我们要回了一个钱学森，单就这件事说来，会谈也是值得的，有价值的。"周总理还专门对聂荣臻交代说："钱学森是爱国的，要在政治上关心他，工作上支持他，生活上照顾他。"

1956 年初，钱学森主持制订 1956～1967 年科学技术发展远景规划纲要第 37 项国家重要科学技术任务《喷气和火箭技术的建设》报告书，并于 1956 年 2 月 17 日向国务院递交《建立我国国防航空工业的意见书》，最先为中国火箭和导弹技术的建设与发展提出了极为重要的实施方案。

同年，钱学森还协助周恩来和聂荣臻筹备组建了火箭导弹科学技术研究方面的领导机构，并成为这一领导机构的重要成员，负责规划与组建国防部第五研究院。他的工程控制论为导弹与航天器的制导理论奠定了基础，对中国的火箭导弹和航天事业的迅速发展做出了重大贡献。钱学森亲自参与指导了我国导弹的设计和研制，因为他的突出贡献，被誉为中国的"导弹之父"。1999 年，中共中央、国务院、中央军委授予他"两弹一星功勋奖章"。

钱学森研究领域广泛，他在空气动力学、航空工程、喷气推进、工程控制论、物理力学等技术科学领域做出了许多开创性贡献，尤其是为我国火箭、导弹和航天事业的创建与发展做出了卓越贡献。他的著作有《工程控制论》、《物理力学讲义》、《星际航行概论》、《论系统工程》等。

钱学森在力学领域的开创性贡献

钱学森在空气动力学方面提出了跨声速流动相似律，并与冯·卡门一起，最早提出高超声速流的概念，为飞机在早期克服热障和声障提供了理论依据，为空气动力学的发展奠定了重要的理论基础。高亚声速飞机设计中采用的公式是"卡门—钱公式"。此外，钱学森和冯·卡门在 20 世纪 30 年代末还共同提出了球壳和圆柱壳的新的非线性失稳理论，他在 1946 年对稀薄气体的物理力学特性的研究是这一分支发展的先声。

两弹元勋邓稼先

Liang Dan Yuan Xun

邓稼先（1924～1986 年），安徽省怀宁县人，中国著名的核物理学家。他是我国核武器理论研究工作的奠基者和开拓者，因为其早年在研制和发射原子弹、氢弹方面的贡献，被誉为"两弹元勋"。1999 年，党中央、国务院和中央军委给他追授了"两弹一星功勋奖章"。

邓稼先出生在一个中产阶级家庭，他的父亲邓以蛰早年留学日本，回国后先后在清华大学、北京大学、厦门大学担任教授。邓稼先在四姐弟中排行老三。

5 岁时，父亲为邓稼先请了私塾先生，教他背诵《诗经》和《论语》，打下了很好的文化基础。6 岁时，进入北京四存小学，当时他对《四书》、《五经》不感兴趣，偏爱数学等自然科学。1935 年，邓稼先考入北京崇德中学，与高他一级的杨振宁是很要好的朋友。

1941 年，邓稼先考上了西南联大物理系，又与杨振宁成为同学。1945 年，从西南联大毕业后，邓稼先被北京大学聘为物理助教，在学生运动中担任了北大教职工联合会主席。

为了学习更多的科学知识来建设即将诞生的新中国，邓稼先于 1947 年通过了赴美研究生考试。1948 年 10 月，邓稼先赴美国普渡大学研究生院物理系留学。

在美国留学期间，邓稼先刻苦努力，勤奋学习，3 年的课程 2 年就完成了。他以突出的成绩顺利通过了博士论文答辩，时年 26 岁，被美国人称为娃娃博士。

原子弹

原子弹是一种利用核裂变原理制成的核武器。它是由美国最先研制成功的，具有非常强的破坏力与杀伤力，爆炸同时会发出强烈的核辐射，危害生物组织。制造原子弹的材料是铀 235，它在天然铀中只占 0.7%。

1950 年 8 月，邓稼先在获得博士学位的第 9 天，毅然决定回国。他不仅谢绝了恩师和同校好友的挽留，而且还说服了光学物理学家王大珩（后获"两弹一星功勋奖章"）和低温物理学家洪朝生（后参加"两弹一星"研制）一同回国。

同年 10 月，邓稼先到中国科学院近代物理研究所任研究员，开始进行中国原子核理论的研究。1953 年，他与许鹿希结婚，1954 年加入中国共产党。1958 年秋，时任核

氢弹

氢弹（又称热核武器），核武器的一种。主要利用氢的同位素（氘、氚）的聚变反应所释放的能量来进行杀伤破坏。就其原理来说，它并不是"纯净"的聚变核武器，确切地说，它应该叫"三项弹"，裂变引发聚变，聚变释放出的中子诱发出更剧烈的裂变。正因如此，它才具有了空前的威力。

工业部副部长兼原子能所所长钱三强找到邓稼先，说"国家要放一个'大炮仗'"，征询他是否愿意参加这项高度机密的工作。邓稼先知道这是国家的需要，毫不犹豫地同意了。回到家中，他只对妻子说自己"要调动工作"，不能再照顾家和孩子，也不能再通信。妻子许鹿希心里明白，丈夫肯定是从事对国家有重大意义的工作，表示坚决的理解和支持。邓稼先这一走就是28年。从此，邓稼先的身影只出现在戒备森严的深院和大漠戈壁。

邓稼先接到任务后，先挑选了一批大学生，准备了有关的俄文资料和原子弹模型。1959年6月，苏联政府中止了原有协议，撤走了专家，销毁了资料。中国的核事业必须从零开始，自己动手，搞出自己的原子弹、氢弹和人造卫星。邓稼先和同事们一起研究和翻译资料，用手摇计算机计算数值，推导公式。特别是遇到一个苏联专家留下的核爆大气压的关键数字时，邓稼先在周光召的帮助下，以严谨的计算推翻了原有的结论，解决了中国原子弹试验的关键性难题。

经过近两年的努力，他们终于把我国第一颗原子弹的理论计算数据全部推算出来，接着又进行了一系列的试验，成功地模拟了原子弹爆炸的全过程。1964年10月16日，中国成功爆炸了第一颗原子弹。这是一件让中国人民彻底扬眉吐气的大事，意味着中国已经不再惧怕西方国家的核讹诈。原子弹爆炸成功以后，邓稼先又开始投入对氢弹的研究。这是比研制原子弹更加艰难的科学探索。在邓稼先的领导下，1967年6月17日，我国成功地爆炸了一颗氢弹。整个研制过程仅用了2年零8个月，抢在了法国人的前面，成为继苏联和美国之后，第3个拥有核武器的国家。同苏联用4年、美国用7年、法国用8年的时间相比，创造了世界上最快的速度。

1972年，邓稼先担任核武器研究院副院长，1979年升为院长。他为我国的核试验贡献了毕生的精力。在我国进行的45次核试验中，由邓稼先领导的就有32次，其中有15次是他亲自在现场指挥。邓稼先为新中国的国防事业做出了巨大的成就，他一生淡泊名利，直到死前才公开其贡献，他的科学成就和他的人格一样，将永远流传。

人工合成牛胰岛素

Ren Gong He Cheng Niu Yi Dao Su

20世纪60年代，人工牛胰岛素在我国合成，这是迄今为止我国唯一能够角逐诺贝尔奖的科技发明，也是我国科学家创造的一次几乎与诺贝尔奖零距离接触的机会。

1955年，当桑格第一次阐明胰岛素的化学结构时，英国《自然》杂志预言："合成胰岛素将是遥远的事情。"当时我国的情况是，百废待兴，在这方面更是一片空白，除了生产谷氨酸钠（味精）之外，甚至没有制造过任何氨基酸。而且做这项工作还得花去大量的资金。

这些现在想起来，似乎都是颇费周折的事情，在当时却进展得很顺利。据参与主持这项研究的邹承鲁讲，在当时的中国科学院上海生物化学研究所，这一主张一经提出，便获得了一致赞同，也赢得了领导的支持。这个项目很顺利就获得了充足的经费，剩下的就是科学家们自己的事情了。

胰岛素合成的队伍由中国科学院上海生物化学研究所、北京大学和上海有机化学研究所三个单位共同组成。大家知道，胰岛素分子是由A、B两条链组成，所以只要分别合成A、B两链，再组合就成了。

开始为了摸索合成路线，大家兵分五路，尝试突破。一路由钮经义负责，搞有机合成；二路由邹承鲁负责，搞天然胰岛素的拆合；三路由曹天钦负责，建立肽库和分离分析技术；四路和五路由沈昭文负责，分别做酶激活和转肽工作。经过实践，三路、四路、五路被否定，重点集中在一路、二路和分离分析的工作上。

1960 年初，杜雨苍、张友尚、鲁子贤、邹承鲁等对用 3 个二硫链拆开的天然胰岛素进行组合获得成功，重组的活力逐渐提高到 50%，产物纯化后可以结晶，结晶形状与天然胰岛素相同。另外，杜雨苍、许根俊、鲁子贤和邹承鲁等又研究了合成的 A 链和 B 链连接为胰岛素分子的条件，为全合成开辟了道路。

1963 年，三个单位重新开始协作。1964 年，由钮经义负责的上海生物化学所合成了 B 链，同时用人工合成的 B 链与天然的 A 链合成成功。

A 链合成由汪猷领导的上海有机化学研究所和由邢其毅领导的北京大学协作完成。1964 年，A 链的合成取得成功，同时用人工合成的牛胰岛素 A 链与天然的 B 链接合获得成功。

接下来就是人工牛胰岛素的全合成。在邹承鲁的负责下，第一次全合成试验即告成功，但活力很低，拿不到结晶。因此，需进一步改善合成的方法。

胰岛素的化学结构

胰岛素是一种蛋白质分子，它的化学结构于 1955 年由英国的科学家桑格测定。胰岛素分子是一条由 21 个氨基酸组成的 A 链和另一条由 30 个氨基酸组成的 B 链通过两对二硫链接结而成的一个双链分子，而且 A 链本身还有一对二硫键。

经过无数次试验，研究人员试用了各种不同的保护剂和各种抽提方法，终于在 1965 年 9 月 17 日得到最好的效果，宣告世界上第一个人工合成的蛋白质在中国诞生了！

人工合成胰岛素是科学史上的一次重大飞跃，是生命科学发展史上一个新的重要里程碑，它标志着人工合成蛋白质时代的开始，使人类在揭示生命奥秘的历程中迈进了一大步。

挑战哥德巴赫猜想的
陈景润
Tiao Zhan Ge De Ba He

陈景润（1933～1996 年），福建闽侯人，我国现代著名的数学家，在数论和哥德巴赫猜想研究方面获得了卓越的成就。世界级的数学大师阿·威特尔称赞他道："陈景润的每一项工作，都好像在喜马拉雅山顶行走。"

陈景润出生在一个工人家庭，父亲是一位邮政工人，陈景润在众多的兄弟姐妹中排行老三。1945 年，陈景润随家迁居福州，并进了英华中学。陈景润从小性格内向，只知道啃书本，同学们给他起了一个绰号"书呆子"。陈景润从小就对数学情有独钟，喜欢钻研，刚好这时候学校来了一位著名科学家沈元教授，他在一堂数学课中，讲了 17 世纪德国数学家哥德巴赫提

> ### 哥德巴赫猜想
> 在整数里面，能够被 2 整除的叫偶数，不能被 2 整除的叫奇数。只能被 1 和它本身整除而不能被别的整数整除的叫素数；反之，能被别的整数整除的就叫合数。1742 年，哥德巴赫写信给欧拉时，提出了：每个不小于 6 的大偶数都是两个素数之和。这个简单的命题被称为"哥德巴赫猜想"。

出的一个猜想。他还打了个形象的比喻，自然科学的皇后是数学，数学的皇冠是数论，而哥德巴赫猜想就是数学皇冠上的明珠。他的这堂课深深刻在陈景润的脑海里，他暗下决心，一定要摘取这颗"数学皇冠上的明珠"。

1950 年，陈景润高中尚未毕业，就以同等学力考入厦门大学。1953 年，陈景润大学毕业后被分配到北京一所名牌中学任教。由于他不善言辞，个性也不适宜教书，压力很大，人也病倒了。当时该中学领导在一次会议上碰上来北京的厦门大学校长王亚南，向他抱怨陈景润不行。王亚南了解陈景润的个性和价值所在，于是把他调回厦门大学担任学校图书馆管理员。陈景润回到厦门大学，病也开始好转了。他利用这个有利的时机，如饥似渴地研读了华罗庚的《堆垒素数论》和《数论导引》。他要努力研究，做出成绩来，才不辜负信任和爱护他的人。

功夫不负苦心人，陈景润终于写出了第一篇数学论文《关于塔利问题》，并把它寄到中科院数学所。他希望自己的数学才能能得到当时著名数学家华罗庚的认可，像当年华罗庚被熊庆来赏识一样。果然，华罗庚盛情邀请陈景润参加 1956 年全国数学论文宣

读大会。1956年底，华罗庚把他调到中国科学院数学研究所担任实习研究员。

陈景润调到北京后，在华罗庚的栽培之下，迅速成长起来。他在圆内整点问题、球内整点问题、华林问题、三维除数问题等方面，都改进了中外数学家的结果，取得了最新的成就。但是他并不满足，他要完成青年时期的梦想，向哥德巴赫猜想挺进。陈景润当时居住在6平方米的小屋内，借一盏昏暗的煤油灯，进行繁复的计算，条件十分艰苦。但是他浑然不顾，废寝忘食，昼夜不舍，潜心思考，达到了痴呆的地步。有一次一头撞在树上，还问是谁撞了他。1966年5月，陈景润耗去了几麻袋的草稿纸，写成论文《大偶数表为一个素数及一个不超过二个素数的乘积之和》，攻克了世界著名数学难题"哥德巴赫猜想"中的(1+2)，创造了距摘取这颗数论皇冠上的明珠(1+1)只有一步之遥的辉煌。可是论文太长了，厚达200多页。考虑到科学的简明性，闵嗣鹤教授建议他简化一下。他又投入到更加艰巨的工作中去了。这时"文革"开始，陈景润受到了一定程度的影响，但他并没有放弃。1973年，陈景润终于将论文简化完成。

陈景润的工作轰动了世界，国际上的反响非常强烈。当时英国数学家哈勃斯丹和西德数学家李希特的著作《筛法》正在印刷所校印，他们见到陈景润的论文后，立即要求暂不付印，并在这部书里加添了一章"陈氏定理"。他们把它誉为筛法的"光辉的顶点"。一个英国数学家在给陈景润的信里称赞他说："你移动了群山！"

陈景润分别在1978年和1982年两次收到在国际数学家大会作45分钟报告的邀请。他本想在他有生之年内完成(1+1)，彻底摘取皇冠上的明珠。可惜的是，在他生命最后的10多年中，帕金森氏综合征困扰他，使他长期卧病在床，最终未能实现夙愿。虽然小有遗憾，但是陈景润在数论和哥德巴赫猜想方面的研究上取得了举世瞩目的成就，他将永垂千古，流芳中国科学史。

征战"哥德巴赫猜想"之旅

1920年，挪威数学家布朗证明了（9＋9）（即：9个素因子之积加9个素因子之积）；

1924年，数学家拉德马哈尔证明了（7＋7）；1932年，数学家爱斯尔曼证明了（6＋6）；

1938年，数学家布赫斯塔勃证明了（5＋6）；1940年，布赫斯塔勃又证明了（4＋4）；

1948年，匈牙利数学家兰恩易证明了（1＋6）；1956年，数学家维诺格拉多夫证明了（3＋3）；

1958年，我国数学家王元证明了（2＋3）； 1962年，我国数学家潘承洞证明了（1＋5）；

1962年，王元、潘承洞又证明了（1＋4）；1965年，数学家布赫斯塔勃、维诺格拉多夫和庞皮艾黎都证明了（1＋3）；1966年，陈景润证明了（1＋2）。

杂交水稻之父 袁隆平

Za Jiao Shui Dao Zhi Fu

20世纪末期，中国科学史上有一位非常重要的人物，他拥有无数的荣誉，他的身价上亿。他就是被国际上誉为"杂交水稻之父"的袁隆平。用朴实的中国农民的话说，吃饭靠"两平"，一靠邓小平（责任制），二靠袁隆平（杂交稻）。

袁隆平1930年9月出生于北京，1949年8月考入重庆相辉学院（后改名西南农学院）农学系，1953年8月毕业后分配到湖南省安江农校任教。此后袁隆平一面从事教学，一面从事水稻育种研究。

1960年7月，袁隆平在早稻常规品种试验田里发现了一株"株形优异、鹤立鸡群"的水稻植株。第二年的春天，他把这株变异株的种子播到试验田里，期待着收获优良的新一代稻种。可是等到秧苗长高后，袁隆平失望地发现，它们品性上高的高，矮的矮；成熟也是迟的迟，早的早，没有一株超过母株。

袁隆平并没有灰心，他对孟德尔和摩尔根的遗传学进行了深入的研究。深入分析后他发现，纯种水稻品种的第二代是不会有分离的，只有杂种第二代才会出现分离现象。既然发生分离，那就可以断定那株性状优异稻株是一株地道的"天然杂交稻"的第一代。

袁隆平进而认识到：既然那株"天然杂交稻"的第一代长势这么好，那么证明水稻存在明显的杂种优势现象。只要能探

袁隆平在田间

水稻品种——武运粳7号

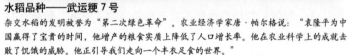

杂交水稻的发明被誉为"第二次绿色革命"。农业经济学家唐·帕尔格说:"袁隆平为中国赢得了宝贵的时间,他增产的粮食实质上降低了人口增长率。他在农业科学上的成就击败了饥饿的威胁。他正引导我们走向一个丰衣足食的世界。"

索到其中的规律和奥秘,就可以培育出人工杂交稻来。他决心利用水稻杂交的优势,来提高水稻的产量。

袁隆平从此开始把精力转到培育人工杂交水稻课题的研究。这在当时是一个很有挑战性的课题。因为水稻是自花授粉的作物。美国著名遗传学家辛诺特和邓恩的经典著作里面和20世纪五六十年代美国大学教科书《遗传学原理》里都明确地写着:"自花授粉作物自交不衰退,因而杂交无优势。"国内外的某些权威嘲笑"提出杂交水稻课题是对遗传学的无知"。

1964年,袁隆平正式提出了利用天然杂交水稻优势的观点,并开始杂交水稻的研究。袁隆平认为利用水稻的杂交优势确实可行的出路就是培育出一个雄花不育的"母稻",即雄性不育系,然后用其他品种的花粉去给它授粉杂交,产生出用于生产的杂交种子。

在1964~1965年这两年里,袁隆平和助手们忙着寻找雄花不育的"母稻",终于找到了6株天然雄性不育的植株。经过观察试验,他积累了丰富的科学数据,撰写了论文《水稻的雄性不孕性》,发表在《科学通报》上。这是国内首次论述水稻雄性不育性的论文。

此后5年多的时间里,袁隆平和助手们先后用了1000多个品种,做了3000多个杂交组合,都没能培育出不育株率和不育度都达到100%的不育系来。后来,袁隆平又提出了利用"远缘的野生稻与栽培稻杂交"的新设想。

1970年11月,袁隆平的助手李必湖在海南岛的普通野生稻群落中发现

隆平高科出世

1998年，经权威的资产评估所评估，"袁隆平品牌"无形资产价值1000亿元人民币。身为中国工程院院士的袁隆平，是一位具有平民意识的科学家，他并不追逐财富。

1999年6月，湖南省农业科学院、联合国家杂交水稻工程技术研究中心等5家法人股东，共同出资筹建"袁隆平农业高科技股份有限公司"，其中袁隆平领导的国家水稻工程技术研究中心占有25%的股份。2000年12月11日，我国第一家以农业科学家的名字冠名的上市公司"袁隆平农业高科技股份有限公司"（简称"隆平高科"）在深圳证券交易所挂牌上市。袁隆平作为公司的股东拥有250万股股份。"隆平高科"股票发行价为12.98元，当日开盘价为27.89元，收盘价为40.37元。有人戏称袁隆平为亿万富翁，他不无幽默地说："我只不过是一个过路财神，我只不过是账面上的亿万富翁。"

一株雄花稗育株。这一发现，为培育水稻不育系和随后的"三系"配套打开了突破口，给杂交稻研究带来了新转机。

1972年，农业部把杂交稻列为全国重点科研项目，组成了全国范围的攻关协作网。1973年，在突破"不育系"和"保持系"的基础上，袁隆平等率先找到了优势强、花粉量大、恢复度在90%以上的"恢复系"。在世界上首次育成强优势杂交水稻。同年10月，袁隆平发表了论文《利用野稗选育三系的进展》，正式宣告我国籼型杂交水稻"三系"配套成功。

1974年，袁隆平和同事们又相继攻克了杂种"优势关"和"制种关"，研究出一套籼型杂交水稻生产技术；袁隆平成为世界上第一个培育成籼型杂交水稻的人。

1976年到1987年间，袁隆平培育的杂交水稻的种植面积累计达到11亿亩，增产稻谷1000亿公斤。袁隆平的杂交水稻解决了中国人民的吃饭问题，确保了我们用占世界7%的土地养活占世界22%的人口。

1986年，袁隆平在他的论文《杂交水稻育种的战略设想》中，科学地将杂交水稻育种分为"三系法为主的品种间杂种优势利用，两系法为主的籼粳亚种优势利用，再到一系法为主的远缘杂种优势利用"三个战略发展阶段。

1995年，两系杂交稻基本研究成功。1997年，袁隆平发表了重要论文《杂交水稻超高产育种》。

袁隆平培育出杂交水稻，解决了13亿中国人民的吃饭问题。他一辈子淡泊名利，专注于科学研究，他的路还在继续，他最大的梦想是解决全世界人民的吃饭问题。

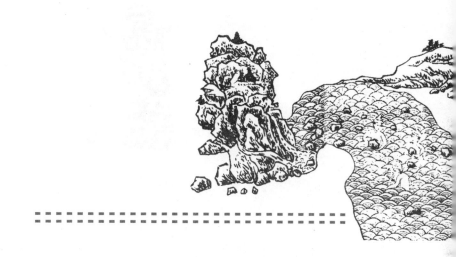